BEMESSUNG

VON BETONGEFÜLLTEN HOHLPROFIL-VERBUNDSTÜTZEN UNTER STATISCHER UND SEISMISCHER BEANSPRUCHUNG

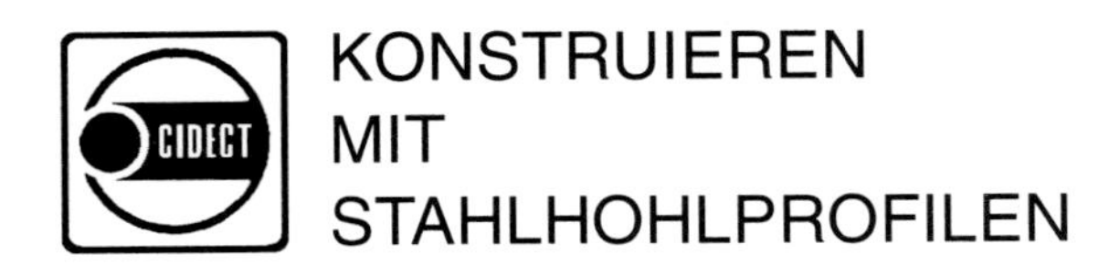

KONSTRUIEREN MIT STAHLHOHLPROFILEN

Herausgeber: Comité International pour le Développement et l'Etude de la Construction Tubulaire

Autoren: Bergmann, Reinhard, Ruhr-Universität Bochum, Deutschland
Matsui, Chiaki, Kyushu Universität, Fukuoka, Japan
Meinsma, Christoph, Ruhr-Universität Bochum, Deutschland
Dutta, Dipak, Technische Kommission CIDECT

BEMESSUNG

VON BETONGEFÜLLTEN HOHLPROFIL-VERBUNDSTÜTZEN UNTER STATISCHER UND SEISMISCHER BEANSPRUCHUNG

R. Bergmann, C. Matsui, C. Meinsma, D. Dutta

Verlag TÜV Rheinland

Titelbild:
Betongefüllte runde Stahlhohlprofilstützen der neuen Verwaltung der Oberpostdirektion in Saarbrücken, Deutschland.

Die Deutsche Bibliothek – CIP-Einheitsaufnahme

Bemessung von betongefüllten Hohlprofil-Verbundstützen unter statischer und seismischer Beanspruchung /
R. Bergmann ... – Köln: Verl. TÜV Rheinland, 1995
ISBN 3-8249-0301-6
NE: Bergmann, Reinhard

ISBN 3-8249-0301-6

Entirely made by: Verlag TÜV Rheinland GmbH, Köln
Printed in Germany 1995

Vorwort

Verbundstützen aus Baustahl und Beton und hierbei insbesondere Stahlhohlprofilstützen, die mit Beton gefüllt sind, weisen eine Vielzahl architektonischer, mechanischer und wirtschaftlicher Vorteile auf, die von entwerfenden und konstruierenden Ingenieuren des Bauwesens gern genutzt werden. Solche Stützen werden in Industrie- und Verwaltungsgebäuden erst seit einigen Jahren eingesetzt, wobei die Anwendung in der letzten Zeit merkbar zugenommen hat. Einige der besonderen Eigenschaften dieser Stützen, die zu einem bevorzugten Einsatz von seiten der Architekten geführt haben, werden nachfolgend angesprochen:

- Aufgrund der Betonfüllung erhalten die Stahl-Hohlprofilquerschnitte eine noch höhere Steifigkeit und Tragfähigkeit, so daß mit ästhetisch schlanken Stützen höhere Belastungen aufgenommen werden können, ohne die Querschnittsabmessungen zu vergrößern. Dieses kann noch durch Einbringen von Zusatzbewehrung verstärkt werden.
- Die Stahlkonstruktion bleibt sichtbar und ist transparent. Der sichtbare Stahl erlaubt ein besonderes architektonisches Design mit unterschiedlichsten Farbanstrichen. Die Kosten für den Anstrich sowie für Korrosionsschutz allgemein sind infolge der geringen Außenoberfläche der Stützen gering.
- Die Hohlquerschnitte wirken sowohl als Schalung wie auch als Bewehrung des Betons. Zusätzliche Schalungen sind nicht erforderlich.
- Das Betonieren der Füllung erfordert keine spezielle Ausrüstung. Sie kann mit den üblichen Ausrüstungen des Stahlbetonbaus vorgenommen werden.
- Die Erhärtung des Betons stellt keine Behinderung des Baufortschrittes dar. Die Bauzeit kann dadurch ohne Unterbrechung kurz gehalten werden.
- Der Betonkern verbessert die Feuerwiderstandsdauer einer Hohlprofilstütze. Mit entsprechender Zulage von Längsbewehrung können die betongefüllten Hohlprofilstützen Feuerwiderstandsdauern von mehr als 90 Minuten erreichen. In diesem Fall ist kein zusätzlicher äußerer Brandschutz erforderlich.
- Aufgrund der hochentwickelten Montagetechnik im konstruktiven Ingenieurbau gibt es kaum Schwierigkeiten mit Anschlüssen. Dies erlaubt die Herstellung in der Werkstatt und eine schnelle und trockene Montage auf der Baustelle.

Ende der sechziger Jahre begann CIDECT mit den Forschungsprogrammen zur Entwicklung von Bemessungsverfahren für betongefüllte Stahlhohlprofilquerschnitte. Die erste Monographie mit Bemessungsdiagrammen wurde 1970 veröffentlicht [1], wodurch der Einsatz dieses Bauteils für die Konstrukteure und Hersteller etwas erleichtert wurde. Weitere Forschungen seitens CIDECT auf diesem Gebiet mündeten in der Monographie Nr. 5 [2], die eine umfangreiche Überarbeitung der Monographie Nr. 1 darstellt. Im Rahmen der europäischen Harmonisierung der nationalen Vorschriften und Regelwerke wurde der Eurocode 4 „Design of Composite Steel and Concrete Structures, Part 1-1: General rules and rules for buildings“ [4] erstellt. Ein Teil des Eurocodes regelt die betongefüllten Hohlprofilstützen. Bei der Erstellung dieses Teils waren die angeführten Monographien eine sehr große Hilfe.

Neben der Tragfähigkeitsberechnung unter statischen Lasten behandelt dieses Handbuch auch seismisch, d. h. durch Erdbeben beanspruchte Verbund-Hohlprofilstützen, allerdings nicht in der gleichen Breite wie die statische Beanspruchung. Dieser Zusatz wurde wegen des außerordentlich positiven Tragverhaltens der betongefüllten Hohlprofilstützen bei Erdbebenbeanspruchung für notwendig erachtet. Dieses konnte durch das Süd-Hyogo-Erdbeben vom 11. Januar 1995 in Japan belegt werden.

Dieses Handbuch ist das fünfte in der CIDECT-Serie „Konstruktionen mit Stahlhohlprofilen“, die CIDECT seit 1991 in deutscher, englischer und französischer Sprache veröffentlicht:

- Berechnung und Bemessung von Verbindungen aus Rundhohlprofilen unter vorwiegend ruhender Beanspruchung
- Knick- und Beulverhalten von Hohlprofilen (rund und rechteckig)

- Knotenverbindungen aus rechteckigen Hohlprofilen unter vorwiegend ruhender Beanspruchung
- Bemessung von Hohlprofilstützen unter Brandbeanspruchung
- Bemessung von betongefüllten Hohlprofil-Verbundstützen unter statischer und seismischer Beanspruchung
- Hohlprofile für Anwendungen im Maschinenbau (in Vorbereitung)
- Knotenverbindungen aus runden und rechteckigen Hohlprofilen unter schwingender Beanspruchung (in Vorbereitung)

Das Ziel ist es, Architekten, Ingenieuren, Konstrukteuren und Planern ebenso wie Professoren und Studenten der Technischen Universitäten und Ingenieurschulen den letzten Stand der Information anzubieten und sie mit den neuesten Entwicklungen vertraut zu machen, die ihnen eine wirtschaftliche und sichere Bemessung von Hohlprofilkonstruktionen ermöglichen.

Unser Dank gilt den anerkannten Fachleuten auf dem Gebiet der Verbundkonstruktionen – Herrn Dr. Reinhard Bergmann von der Ruhr-Universität Bochum, Deutschland und Herrn Prof. Dr. Chiaki Matsui von der Universität in Fukuoka, Japan – die bei der Erstellung dieses Buches zusammengearbeitet haben. Ein besonderer Dank geht an die Mitgliedsfirmen des CIDECT für ihre Unterstützung.

Dipak Dutta
Technische Kommission CIDECT

Inhalt

Einfüllen des Betons in Stahlhohlprofile auf der Baustelle.

1 Einleitung

1.1 Allgemeines

Verbundstützen stellen eine Verbindung von Stahlbetonstützen und Stahlstützen dar und vereinigen damit die Vorteile der beiden Stützentypen. Die Stahlstütze hat eine höhere Duktilität als die Stahlbetonstütze und Verbindungen können mit der hochentwickelten Technik des Stahlbaus ausgeführt werden. Die Betonfüllung führt nicht nur zu einer bedeutend höheren Tragfähigkeit gegenüber der reinen Stahlstütze, sondern Sie verbessert auch erheblich den Brandwiderstand der Stütze.
In bezug auf Duktilität und Rotationsvermögen zeigen betongefüllte Stahlhohlprofile das beste Ergebnis im Vergleich zu anderen Verbundstützen. Der Beton wird durch das Stahlprofil umfaßt und kann daher nicht wegplatzen, selbst wenn die Grenztragfähigkeit des Betons erreicht wird.
Die Forschungen auf dem Gebiet der Verbundstützen mit betongefüllten Hohlprofilquerschnitten haben bei CIDECT eine lange Tradition. Die CIDECT-Monographie Nr. 1 [1], die bereits 1970 veröffentlicht worden war, enthält Empfehlungen für die Bemessung solcher Stützen. Weitere Untersuchungen führten zur Veröffentlichung der CIDECT-Monographie Nr. 5 [2], in der Bemessungsdiagramme für betongefüllte Querschnitte angegeben sind. Diese Bemessungsverfahren waren entstanden auf der Basis zahlreicher Versuche, die in den verschiedensten Teilen der Welt durchgeführt worden waren.

1.2 Bemessungsverfahren

In verschiedenen Ländern wurden mehrere Bemessungsverfahren für Verbundstützen entwickelt und einige sind zur Zeit in der Entwurfsphase. In Japan ist die Bemessung von Verbundstützen aus betongefüllten Hohlprofilen in [7] geregelt. Die Bemessung kann entweder mit Hilfe einer Superpositionsmethode durchgeführt werden oder nach den Regeln des Stahlbetonbaues, indem das Stahlprofil als eine sehr starke Längsbewehrung angesehen wird. Beide Verfahren arbeiten mit der Methode der zulässigen Spannungen. Bild 1 zeigt die Querschnittstypen, die durch die japanische Norm erfaßt werden. Die Bemessungsmethode nach Eurocode 4 [4] ist nicht kompatibel mit der derzeitigen japanischen Methode, die auf der Addition der unterschiedlichen Tragfähigkeiten der Materialien basiert.
Für diese Superpositionsmethode müssen die Tragfähigkeiten des Stahlbetonteiles und des Stahlteiles unabhängig voneinander bestimmt und zu einer gemeinsamen Tragfähigkeit addiert werden. Es wird kein Verbund angesetzt.
Der im allgemeinen wichtigste Bemessungsfall in Japan ist die Bemessung für Erdbebenbeanspruchung. Die großen Horizontalkräfte, die bei einer seismischen Bemessung anzusetzen sind, decken normalerweise die Gefahr des Stabilitätsversagens der Stütze mit ab. Selbst für normale Bemessungsverhältnisse ist eine Mindestexzentrizität der Normalkraft von 5% der Außenabmessung anzunehmen. Kriechen und Schwinden des Betons werden durch eine Reduktion der zulässigen Spannungen im Beton erfaßt. Für Beton außer- oder innerhalb eines Hohlprofiles werden unterschiedliche Tragfähigkeiten angegeben. Die japanische Bemessungsmethode beinhaltet auch die Bemessung von Stützen mit unsymmetrischen Querschnitten.
Die kanadische Bemessungsmethode für Verbundstützen [8] basiert auf dem Grenzzustand der Tragfähigkeit. Sie ist auch ein Superpositionsverfahren, bei dem die Tragfähigkeit des Stahlprofiles zu der des Betonquerschnittes addiert wird. Dreiaxiale Effekte im umschnürten Beton in Rundhohlprofilen werden berücksichtigt. Kriechen und Schwinden des Betons werden durch Reduzieren des Betonmoduls ähnlich wie im Eurocode 4 erfaßt. Bei einer

Beanspruchung durch Druck und Biegung dürfen die Biegemomente entweder dem Verbundquerschnitt oder dem Stahlprofil allein zugewiesen werden.

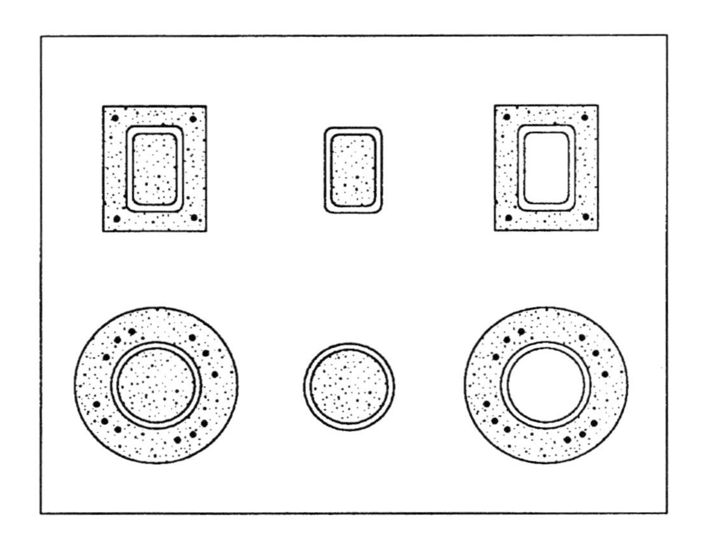

Bild 1 – Verbundstützenquerschnitte, die in [7] enthalten sind.

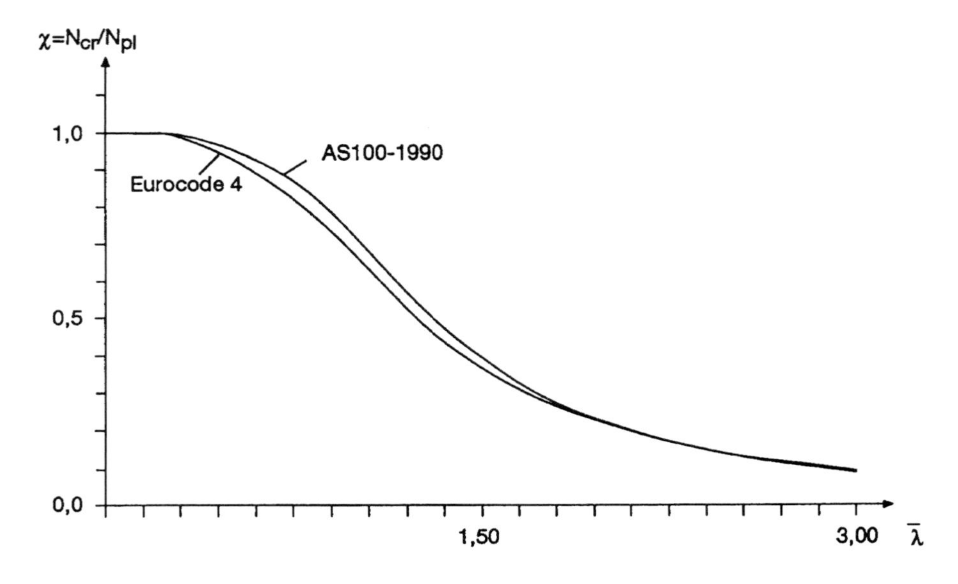

Bild 2 – Vergleich der Australischen mit der Europäischen Knickspannungskurve „a“.

Die australische Bemessungsmethode für Verbundstützen liegt bisher nur im Entwurf vor. Die diesbezüglichen Veröffentlichungen lassen erkennen, daß sich die Methode eng an die Methode des Eurocode 4 anlehnen wird. Einige Regeln sind nahezu identisch, während andere nicht so stark in Richtung der Vereinfachung gehen wie beim Eurocode 4. Für reine Stahlstützen werden in Australien andere Stützenkurven verwendet als die Europäischen Knickspannungskurven. Es ist daher zu erwarten, daß diese anderen Kurven auch beim Nachweis von Verbundstützen zugrunde gelegt werden. Bild 2 zeigt den Vergleich der Australischen Knickspannungskurve für Hohlprofilquerschnitte nach [12] mit der Europäischen Knickspannungskurve „a", die bei Hohlprofilstützen Anwendung findet, gleichgültig ob betongefüllt oder nicht. Es wird erwartet, daß die australischen Bemessungsregeln zu Ende des Jahres 1995 fertiggestellt und veröffentlicht werden.
In Europa waren die Knickspannungskurven für die Bemessung von Stahlstützen in den siebziger Jahren entwickelt worden. Später wurden sie aufgrund der allgemeinen Akzeptanz in den Ländern der Europäischen Gemeinschaft „Europäische Knickspannungskurven" genannt. Die auf diesen Kurven basierende Bemessungsmethode für Stahlstützen ist eine Methode der Grenztragfähigkeiten. Das Ziel für Verbundstützen war, eine ähnliche Bemessungsmethode zu entwickeln. Aus diesem Grund wurden die zahlreich vorhandenen Versuchsergebnisse von Verbundstützen erneut ausgewertet. Begleitend dazu wurden umfangreiche theoretische und praktische Untersuchungen durchgeführt. Als Ergebnis wurde eine Bemessungsmethode ebenfalls auf der Basis der Europäischen Knickspannungskurven entwickelt. Für die Bestimmung des Widerstandes werden Querschnittsinteraktionskurven verwendet. Diese Bemessungsmethode wurde in den Eurocode 4 [4] übernommen, in dem die Europäischen Regelungen für Verbundkonstruktionen enthalten sind.
Dieses CIDECT-Handbuch beschreibt die entsprechenden Teile des Eurocode 4, die die Regeln für Verbundstützen mit betongefüllten Rund-, Rechteck- oder Quadrat-Hohlprofilquerschnitten enthalten. Für einige Regelungen werden zusätzliche Hintergrundinformationen angegeben. Weiterhin zeigen Beispiele die Anwendung des Eurocode 4.
Dieses Handbuch enthält keine Bestimmungen für die Bemessung unter Brandbeanspruchung. Dieses Thema wurde in einem anderen CIDECT-Handbuch behandelt [3].

2 Bemessungsmethode nach Eurocode 4

2.1 Allgemeine Bemessungsmethode

Die Bemessung von Verbundstützen ist für den Grenzzustand der Tragfähigkeit durchzuführen. Unter der ungünstigsten Kombination der Beanspruchungen muß nachgewiesen werden, daß die Tragfähigkeit des Querschnittes nicht überschritten wird und kein Stabilitätsversagen der Stütze auftritt.

Bei der Berechnung der Tragfähigkeit sind Imperfektionen, Einflüsse aus Verformungen auf das Gleichgewicht (Theorie 2. Ordnung) sowie die Abnahme der Steifigkeit bei Teilplastizierung des Querschnittes zu berücksichtigen. Für den Beton gilt dabei als Werkstoffgesetz das Parabel-Rechteck-Diagramm, während für den Profilstahl und den Bewehrungsstahl ein bilineares Werkstoffgesetz zugrunde gelegt wird.

Eine „genaue" Berechnung der Traglast einer Verbundstütze, die alle diese Anforderungen erfüllt, ist nur mit Hilfe eines Computerprogrammes (FEM) möglich und ist von daher für den praktischen Ingenieur recht unwirtschaftlich. Daher sollten solche komplizierten Computerprogramme nur als Ergänzung zu Versuchen benutzt werden und dazu dienen, vereinfachte Berechnungsmethoden zu entwickeln.

Allgemein muß eine Bemessung Gleichung 1 erfüllen, wobei S_d die Belastungskombination unter Einschluß des Lastsicherheitsfaktors γ_F und R_d die Kombination der Widerstände darstellen. Dabei sind die verschiedenen Teilsicherheitsbeiwerte γ_M der unterschiedlichen Materialien berücksichtigt.

$$S_d \leq R_d = R\left(\frac{f_y}{\gamma_{Ma}}, \frac{f_{ck}}{\gamma_c}, \frac{f_{sk}}{\gamma_s}\right) \tag{1}$$

In Eurocode 3 wird ein zusätzlicher Systembeiwert benutzt, um das Stabilitätsversagen abzudecken. Dieser wird auf die gesamte Widerstandsseite der Gleichung 1 angewendet. Bei Verbundstützen wird dieser zusätzliche Sicherheitsbeiwert nur auf den Stahlteil des Verbundquerschnittes angesetzt (γ_{Ma}). Daher ist bei Verbundstützen, bei denen Stabilitätsgefahr herrscht, die Festigkeit des Profilstahles durch γ_{Ma} zu teilen, im anderen Fall durch γ_a nach Tabelle 1. Für den Systemfaktor γ_{Ma} könnte also ein größerer Wert gewählt werden als für γ_a.

Die Stabilitätsgefahr kann als ausgeschlossen angesehen werden, falls die Stütze kompakt ist, d. h. die bezogene Schlankheit $\bar{\lambda}$ nicht größer ist als 0,2, oder falls die Bemessungsnormalkraft sehr klein ist, d. h. nicht größer als 0,1 N_{cr} ($\bar{\lambda}$ und N_{cr}, siehe Kapitel 3.4).

Alle Sicherheitsbeiwerte in der derzeitigen Ausgabe des Eurocode 4 [4] sind sogenannte „boxed values", was ausdrücken soll, daß es sich hier um empfohlene Werte handelt, die durch die nationalen Anwendungsrichtlinien auch anders festgesetzt werden können. Der empfohlene Wert für γ_{Ma} ist der gleiche wie für γ_a (Tabelle 1).

Tabelle 1 – Teilsicherheitsbeiwert für die Widerstände und Materialien.

Profilstahl	Beton	Bewehrung
$\gamma_a = 1{,}1$	$\gamma_c = 1{,}5$	$\gamma_s = 1{,}15$

Die Sicherheitsbeiwerte für die Belastungen γ_F sind nach Eurocode 1 oder nach nationalen Normen zu wählen. Diese Werte ebenso wie die Werte für andere als normale Bemessungssituationen werden hier nicht weiter behandelt. Falls sich bei Einzelbestimmungen die Werte für die Materialsicherheitsfaktoren nach Tabelle 1 ändern, wird dies in den entsprechenden nachfolgenden Abschnitten angegeben.

Einbau der Bewehrung vor dem Betonieren (Maßnahme zur Verbesserung der Feuerwiderstandsdauer).

2.2 Materialeigenschaften

Für Verbundstützen dürfen alle die Materialien verwendet werden, die entweder im Eurocode 2 (Stahlbetonkonstruktionen) oder im Eurocode 3 (Stahlkonstruktionen) angegeben sind. In diesen Regelwerken sind die unterschiedlichen Materialeigenschaften ausführlich beschrieben.

In Tabelle 2 sind die Festigkeitsklassen der Betone aufgeführt, die bei Verbundkonstruktionen eingesetzt werden können. Festigkeitsklassen oberhalb C50/60 sollten ohne weitere Untersuchungen nicht eingesetzt werden. Festigkeitsklassen unterhalb von C20/25 sind für Verbundkonstruktionen nicht erlaubt.
Zur Berücksichtigung des Einflusses lang einwirkender Belastung (nicht Kriechen und Schwinden) wird die Betonfestigkeit mit dem Faktor 0,85 reduziert. Für Verbundstützen mit betongefüllten Hohlprofilquerschnitten braucht dieser Faktor nicht berücksichtigt zu werden, da sich im Hohlprofil eine günstigere Festigkeitsentwicklung im Beton beobachten läßt und außerdem das Abplatzen von Beton verhindert ist. Da hier nur betongefüllte Hohlprofile

behandelt werden, wird dieser Faktor nachfolgend nicht mehr erwähnt. Der Einfluß von Kriechen und Schwinden ist nur für den Fall größerer Verformungen aus dem Langzeitverhalten des Betons zu erfassen. Dieses wird bei der vereinfachten Bemessungsmethode im Abschnitt 3 behandelt werden.

Tabelle 2 – Festigkeitsklassen, charakteristische Zylinderdruckfestigkeiten und Steifigkeitsmoduln für Normalbeton.

Betonfestigkeitsklasse $f_{ck.cyl}/f_{ck.cub}$	C20/25	C25/30	C30/37	C35/45	C40/50	C45/55	C50/60
Zylinderdruckfestigeit f_{ck} [N/mm^2]	20	25	30	35	40	45	50
Sekantensteifigkeitsmodul E_{cm} [N/mm^2]	29 000	30 500	32 000	33 500	35 000	36 000	37 000

Für den Bewehrungsstahl gilt Eurocode 2. Die Festigkeitsklassen des Bewehrungsstahls sind im allgemeinen in den Stahlbezeichnungen zu erkennen. Ein sehr gebräuchlicher Bewehrungsstahl ist der Stahl S500 mit einer Festigkeit von 500 N/mm^2. Im Eurocode 2 wird der Elastizitätsmodul des Bewehrungsstahles mit E_s= 200 000 N/mm^2 angegeben. Aus Gründen einer vereinfachten Berechnung darf bei Verbundkonstruktionen der gleiche Elastizitätsmodul wie für den Profilstahl zugrunde gelegt werden, d.h.: E_s= E_a= 210 000 N/mm^2.
Die gebräuchlichen Stahlsorten für den Einsatz bei Verbundquerschnitten sind in Tabelle 3 angeführt. Die Stahlquerschnitte können warmgewalzt oder kaltgeformt sein. Die Werte der Tabelle 3 gelten für Materialdicken, die nicht größer als 40 mm sind. Für Materialdicken zwischen 40 mm und 100 mm ist die Festigkeit zu reduzieren. Es kann auch hochfester Stahl eingesetzt werden, falls die entsprechenden Duktilitätsanforderungen eingehalten werden, die in Eurocode 3 [13] angegeben sind.

Tabelle 3 – Nenn- (charakteristische) Werte der Streckgrenze und des Elastizitätsmoduls von Profilstahl

Stahlsorten		Fe235	Fe275	Fe355	Fe460
Streckgrenze f_y	[N/mm^2]	235	275	355	460
Elastizitätsmodul E_a	[N/mm^2]	210 000			

Für Profilstahl und für Bewehrungsstahl dürfen die Nennfestigkeiten als charakteristische Festigkeiten angesetzt werden. Die Bemessungsfestigkeiten erhält man, indem man die Teilsicherheitsbeiwerte der Tabelle 1 anwendet.

$f_{cd} = f_{ck} / \gamma_c$ für Beton (2)

$f_{sd} = f_{sk} / \gamma_s$ für Bewehrung (3)

$f_{yd} = f_y / \gamma_{Ma}$ für Profilstahl (4)

3 Vereinfachte Bemessungsmethode

3.1 Allgemeines und Anwendungsbereich

Für die Anwendung in der Praxis gibt Eurocode 4 eine vereinfachte Bemessungsmethode an. Diese Bemessungsmethode berücksichtigt die allgemeinen Anforderungen, die oben erwähnt sind. Sie basiert auf den Europäischen Knickspannungskurven für die Berücksichtigung der Stabilitätsgefahr sowie auf Querschnittsinteraktionskurven, die den Widerstand eines Verbundquerschnittes beschreiben. Der Einfluß der infolge Plastizierens des Profilstahles und Reißen des Betons im Zugbereich geänderten Steifigkeiten wird erfaßt. Die Anwendung der vereinfachten Methode ist auf Stützen mit bezogenen Schlankheiten $\bar{\lambda}$ von nicht größer als 2,0 beschränkt ($\bar{\lambda}$, siehe Abschnitt 3.4). Diese Methode wird hier in der Reihenfolge beschrieben, wie Sie auch normalerweise bei der Bemessung einer Stütze erfolgen würde.

Bild 3 zeigt typische betongefüllte Querschnitte mit Bezeichnungen. Der Querschnitt in Bild 3a steht für rechteckige und quadratische Querschnitte.

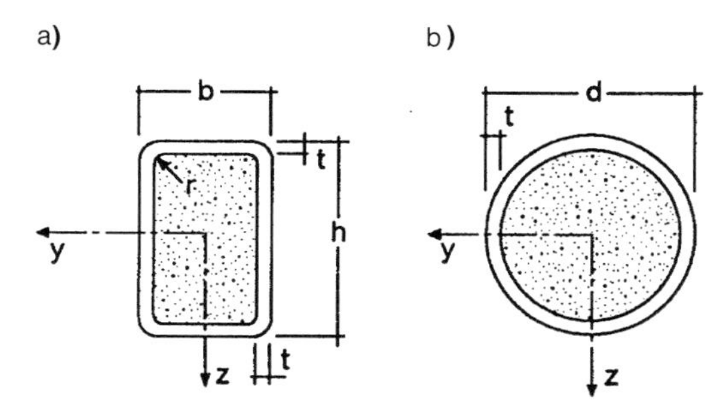

Bild 3 – Betongefüllte Hohlprofilquerschnitte mit Bezeichnungen

3.2 Lokales Beulen

Im Grenzzustand der Tragfähigkeit wird davon ausgegangen, daß alle Querschnittsteile ihre Grenzfestigkeit erreicht haben. Es muß sichergestellt sein, daß dieses ohne Versagen dünnwandiger Stahlteile infolge Beulens möglich ist. Dieses kann durch Einhalten von Mindestwandicken erfüllt werden. Die nachfolgenden Grenzverhältnisse von Querschnittsabmessung zu Wanddicke sollten für Druck und Biegung eingehalten werden. Dabei gelten die Bezeichnungen von Bild 3.

- Betongefüllte Rechteckhohlprofile (Bild 3a)
  (h ist dabei die größere der beiden Querschnittsabmessungen)
  $h/t \leq 52\,\varepsilon$ (5)
- Betongefüllte Rundquerschnitte (Bild 3b)
  $d/t \leq 90\,\varepsilon^2$ (6)

Der Faktor ε berücksichtigt dabei den Einfluß der Streckgrenze, wobei f_y in N/mm^2 anzusetzen ist.

$$\varepsilon = \sqrt{\frac{235\ \text{N/mm}^2}{f_y}} \qquad (7)$$

Tabelle 4 – Grenzverhältnisse von Wandabmessung zu Wanddicke, für die lokales Beulen verhindert wird

Stahlsorte		Fe235	Fe275	Fe355	Fe460
Rundhohlprofile	lim d/t	90	77	60	46
Rechteckhohlprofile	lim h/t	52	48	42	37

Für die Profilstahlsorten nach Tabelle 3 sind die Grenzverhältnisse für d/t oder h/t in Tabelle 4 angegeben. Diese Werte berücksichtigen, daß das Beulen der Wandungen betongefüllter Querschnitte nur nach außen hin möglich ist. Daher ergibt sich ein besseres Beulverhalten als bei reinen Stahlquerschnitten [5]. Die Grenzwerte der Tabelle 4 wurden auf der Grundlage ermittelt, daß die betongefüllten Querschnitte in die Klasse 2 nach der Klassifizierung des Eurocode 4 eingeordnet werden. Die Klassifizierung in Klasse 2 bedeutet, daß die Schnittgrößen auf der Basis einer elastischen Berechnung ermittelt werden und dem plastischen Widerstand des Querschnittes gegenübergestellt werden. Querschnitte der Klasse 2 haben nur beschränkte Rotationskapazität, so daß eine Ermittlung der Schnittgrößen mit plastischen Berechnungsmethoden, die Momentenumlagerungen und vollplastische Gelenke berücksichtigen, nicht gestattet ist. Ausführliche Informationen dazu sind in [5] gegeben.

3.3 Querschnittstragfähigkeit für zentrische Beanspruchung

Die plastische Tragfähigkeit (Widerstand) eines Verbundstützenquerschnittes wird aus der Summe der Einzelkomponenten berechnet:

$$N_{pl.Rd} = A_a f_{yd} + A_c f_{cd} + A_s f_{sd} \quad (8)$$

wobei

A_a, A_c und A_s die Querschnittsflächen des Profilstahles, des Betons und der Bewehrung und

f_{yd}, f_{cd} und f_{sd} die o. a. Bemessungsfestigkeiten der Materialien sind.

Bild 4 zeigt die Spannungsverteilung, auf der Gleichung 8 basiert.

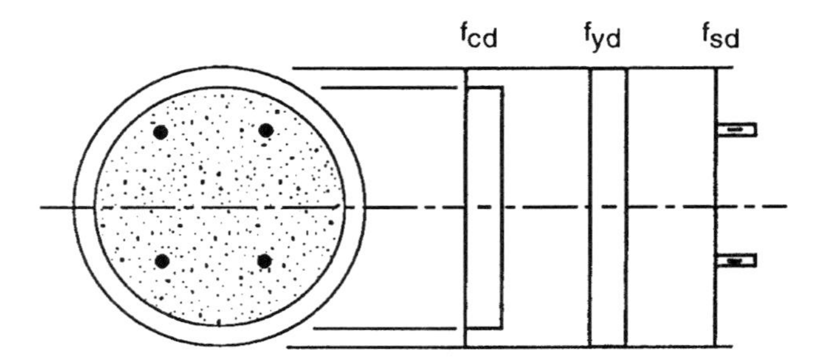

Bild 4 – Spannungsverteilung für den plastischen Widerstand eines Querschnittes

Der Bewehrungsanteil ist beschränkt auf ρ = 4% des Betonquerschnittes. Für die Bemessung im Brandfall kann ein höherer Bewehrungsprozentsatz erforderlich sein. Dieser darf dann aber nur bis zu 4% bei der „Kaltberechnung" mit der vereinfachten Bemessungsmethode angesetzt werden. Bei betongefüllten Querschnitten ist keine Mindestbewehrung erforderlich. Falls die Bewehrung jedoch als statisch mitwirkend angerechnet werden soll, ist ein Mindestbewehrungsanteil von ρ = 0,3% einzulegen.

Der Querschnittsparameter δ definiert den Stahlanteil am $N_{pl.Rd}$:

$$\delta = \frac{A_a \, f_{yd}}{N_{pl.Rd}} \tag{9}$$

Für die Berechnung der Gleichung 9 sind $N_{pl.Rd}$ und f_{yd} mit $\gamma_{Ma} = \gamma_a$ zu berechnen.

Der Parameter δ muß folgende Bedingung erfüllen:

$$0{,}2 \le \delta \le 0{,}9 \tag{10}$$

Dieser Nachweis definiert die Verbundstütze. Falls der Parameter δ kleiner ist als 0,2, ist die Stütze nach den Regeln des Eurocode 2 [14] zu bemessen. Auf der anderen Seite, falls δ größer ist als 0,9, sollte die Stütze als Stahlstütze nach den Regeln des Eurocode 3 [13] bemessen werden.

Bei betongefüllten Rundhohlprofilen wird die Tragfähigkeit des Betonkerns infolge behinderter Querkontraktion vergrößert. Bild 5 zeigt das Tragmodell. Querdruckspannungen (σ_r) im Beton führen zu dreidimensionalen Spannungszuständen, die die Tragfähigkeit für Normalspannungen (σ_c) vergrößern. Gleichzeitig treten im Mantel Zugspannungen (σ_φ) auf, die die Normalspannungstragfähigkeit des Mantels vermindern.

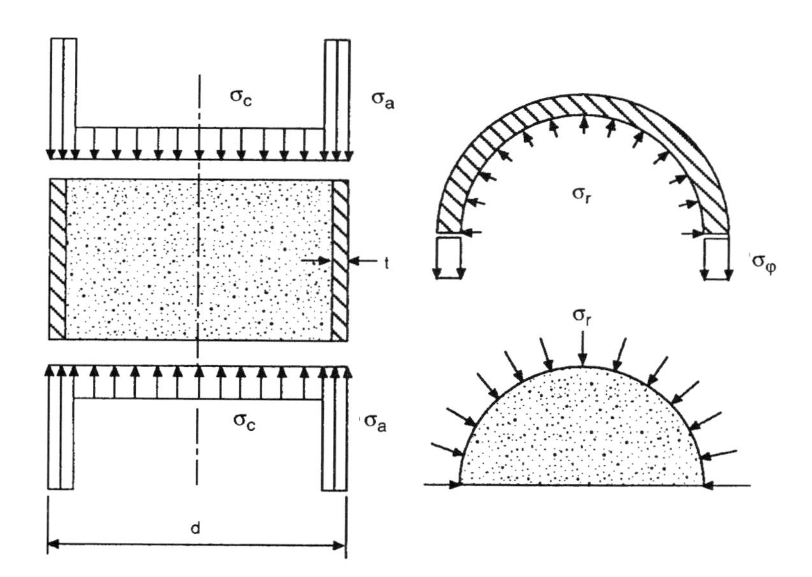

Bild 5 – Tragmodell für Beton in runden Hohlprofilen

Der Umschnürungseffekt bei runden Hohlprofilen kann durch die Änderung von Gleichung 8 zu Gleichung 11 berücksichtigt werden, bei der die Betonkomponente vergrößert und die Stahlkomponente reduziert wird:

$$N_{pl.Rd} = A_a \, f_{yd} \, \eta_2 + A_c \, f_{cd} \left(1 + \eta_1 \, \frac{t}{d} \, \frac{f_y}{f_{ck}} \right) + A_s \, f_{sd} \tag{11}$$

wobei

t die Wanddicke des runden Hohlprofiles ist.

Mit Hilfe der Werte

$$\eta_1 = \eta_{10} \left(1 - \frac{10 \, e}{d} \right) \tag{12}$$

Betonfüllung von runden Hohlprofilstützen. Die Stützen sind schräg gestellt, um eine gleichmäßige Betonfüllung zu erzielen.

$$\eta_2 = \eta_{20} + (1 - \eta_{20}) \frac{10\ e}{d} \tag{13}$$

wird für Lastexzentrizitäten $e \leq d/10$ eine lineare Interpolation ermöglicht mit den Basiswerten η_{10} und η_{20}, die von der bezogenen Schlankheit $\bar{\lambda}$ abhängen:

$$\eta_{10} = 4{,}9 - 18{,}5\ \bar{\lambda} + 17\ \bar{\lambda}^2 \qquad (\text{aber } \eta_{10} \geq 0{,}0) \tag{14}$$

$$\eta_{20} = 0{,}25\left(3 + 2\bar{\lambda}\right) \qquad (\text{aber } \eta_{20} \leq 1{,}0) \tag{15}$$

Tabelle 5 gibt die Basiswerte η_{10} und η_{20} für verschiedene Werte von $\bar{\lambda}$ wieder.

Tabelle 5 – Basiswerte η_{10} und η_{20} zur Berücksichtigung der Umschnürungswirkung bei betongefüllten runden Hohlprofilen

$\bar{\lambda}$	0,0	0,1	0,2	0,3	0,4	0,5
η_{10}	4,90	3,22	1,88	0,88	0,22	0,00
η_{20}	0,75	0,80	0,85	0,90	0,95	1,00

Die Umschnürungswirkung darf nur für kompakte Stützen in Rechnung gestellt werden, d. h. für bezogene Schlankheiten $\bar{\lambda} \leq 0{,}5$. Zusätzlich darf die Exzentrizität der Normalkraft e den Wert d/10 nicht überschreiten, wobei d der Außendurchmesser des runden Hohlprofiles ist. Falls die Exzentrizität größer ist als d/10, oder falls die bezogene Schlankheit $\bar{\lambda}$ größer ist als 0,5, sind die Werte $\eta_1 = 0{,}0$ und $\eta_2 = 1{,}0$ zu setzen.

Die Exzentrizität e wird folgendermaßen definiert:

$$e = \frac{M_{max.Sd}}{N_{Sd}} \tag{16}$$

wobei

$M_{max.Sd}$ das maximale Bemessungsmoment nach Theorie 1. Ordnung und

N_{Sd} die Bemessungsnormalkraft sind.

Die bezogene Schlankheit $\bar{\lambda}$, die für die Bestimmung der Werte η_{10} und η_{20} erforderlich ist, ist nach Gleichung 20 zu berechnen. Sie ist abhängig vom Widerstand $N_{pl.R}$, der wiederum mit den Faktoren η und Gleichung 11 bestimmt wird. Um eine iterative Berechnung zu vermeiden, sollte die bezogene Schlankheit $\bar{\lambda}$ mit Gleichung 8 bestimmt werden.
Die Anwendung der Gleichungen 11 bis 15 und der Bezug auf Gleichung 8 ist in Tabelle 6 gezeigt. Für ausgewählte Verhältnisse von Stahl- zu Betonfestigkeit, ausgewählte Werte von $\bar{\lambda}$ sowie bestimmte Verhältnisse von e/d und d/t, wird der rechnerische Zuwachs an Tragfähigkeit aufgrund der Umschnürungswirkung angegeben. Hierbei wurde ein Anteil von 4% Längsbewehrung mit einer Streckgrenze von 500 N/mm^2 angenommen. Man erkennt, daß für größere bezogene Schlankheiten und größere Exzentrizitäten der Vorteil sehr klein ist, so daß es sich kaum lohnt, die Umschnürungswirkung rechnerisch zu berücksichtigen. Nur für Werte von $\bar{\lambda}$ kleiner als 0,05 ergeben sich merkliche Tragfähigkeitserhöhungen.

3.4 Tragfähigkeit einer Stütze für zentrische Beanspruchung

Grundlage der Bemessung einer Stütze für zentrische Beanspruchung sind die Europäischen Knickspannungskurven. Ein Reduktionsfaktor χ, der von der bezogenen Schlankheit $\bar{\lambda}$ abhängt, bestimmt die Tragfähigkeit einer Stütze für zentrische Beanspruchung.

Tabelle 6 – Vergrößerung des Widerstandes infolge Umschnürungswirkung für zentrische Beanspruchung für verschiedene Verhältnisse von d/t, f_y/f_{ck} und ausgewählte Werte für e/d und $\bar{\lambda}$.

		d/t = 40			d/t = 60			d/t = 80		
		f_y/f_{ck}			f_y/f_{ck}			f_y/f_{ck}		
$\bar{\lambda}$	e/d	5	10	15	5	10	15	5	10	15
0,0	0,00	1,152	1,238	1,294	1,114	1,190	1,244	1,090	1,157	1,207
	0,01	1,137	1,215	1,264	1,102	1,171	1,220	1,081	1,141	1,186
	0,02	1,122	1,191	1,235	1,091	1,152	1,195	1,072	1,125	1,166
	0,03	1,107	1,167	1,206	1,080	1,133	1,171	1,063	1,110	1,145
	0,04	1,091	1,143	1,176	1,068	1,114	1,146	1,054	1,094	1,124
	0,05	1,076	1,119	1,147	1,057	1,095	1,122	1,045	1,078	1,103
	0,06	1,061	1,095	1,118	1,045	1,076	1,098	1,036	1,063	1,083
	0,07	1,046	1,072	1,088	1,034	1,057	1,073	1,027	1,047	1,062
	0,08	1,030	1,048	1,059	1,023	1,038	1,049	1,018	1,031	1,041
	0,09	1,015	1,024	1,029	1,011	1,019	1,024	1,009	1,016	1,021
0,2	0,00	1,048	1,075	1,093	1,036	1,060	1,078	1,029	1,050	1,066
	0,01	1,043	1,068	1,083	1,033	1,054	1,070	1,026	1,045	1,060
	0,02	1,038	1,060	1,074	1,029	1,048	1,062	1,023	1,040	1,053
	0,03	1,034	1,053	1,065	1,025	1,042	1,054	1,020	1,035	1,046
	0,04	1,029	1,045	1,056	1,022	1,036	1,047	1,017	1,030	1,040
	0,05	1,024	1,038	1,046	1,018	1,030	1,039	1,014	1,025	1,033
	0,06	1,019	1,030	1,037	1,014	1,024	1,031	1,012	1,020	1,026
	0,07	1,014	1,023	1,028	1,011	1,018	1,023	1,009	1,015	1,020
	0,08	1,010	1,015	1,019	1,007	1,012	1,016	1,006	1,010	1,013
	0,09	1,005	1,008	1,009	1,004	1,006	1,008	1,003	1,005	1,007
0,4	0,00	1,005	1,008	1,010	1,004	1,007	1,009	1,003	1,006	1,008
	0,01	1,005	1,007	1,009	1,004	1,006	1,008	1,003	1,005	1,007
	0,02	1,004	1,006	1,008	1,003	1,005	1,007	1,003	1,005	1,006
	0,03	1,004	1,006	1,007	1,003	1,005	1,006	1,002	1,004	1,005
	0,04	1,003	1,005	1,006	1,002	1,004	1,005	1,002	1,003	1,005
	0,05	1,003	1,004	1,005	1,002	1,003	1,004	1,002	1,003	1,004
	0,06	1,002	1,003	1,004	1,002	1,003	1,003	1,001	1,002	1,003
	0,07	1,002	1,002	1,003	1,001	1,002	1,003	1,001	1,002	1,002
	0,08	1,001	1,002	1,002	1,001	1,001	1,002	1,001	1,001	1,002
	0,09	1,001	1,001	1,001	1,000	1,001	1,001	1,000	1,001	1,001

Der Nachweis hat zu zeigen, daß für jede der beiden Hauptachsen des Querschnittes die Bemessungsnormalkraft nicht größer ist als die Normalkrafttragfähigkeit der Stütze.

$$N_{Sd} \leq \chi \, N_{pl.Rd} \qquad (17)$$

wobei

$N_{pl.Rd}$ die Querschnittstragfähigkeit für zentrische Beanspruchung nach Gl. 8 bzw. Gl. 11 und

χ der Reduktionsfaktor der Knickspannungskurve „a" sind.

Die Werte von χ können entweder mit Gl. 18 berechnet oder über eine Interpolation der Werte nach Tabelle 7 gewonnen werden.

Tabelle 7 – Abminderungsfaktor χ nach der Europäischen Knickspannungskurve "a"

$\bar{\lambda}$	0,00	0,01	0,02	0,03	0,04	0,05	0,06	0,07	0,08	0,09
0,0	1,000	1,000	1,000	1,000	1,000	1,000	1,000	1,000	1,000	1,000
0,1	1,000	1,000	1,000	1,000	1,000	1,000	1,000	1,000	1,000	1,000
0,2	1,000	0,998	0,996	0,993	0,991	0,989	0,987	0,984	0,982	0,980
0,3	0,977	0,975	0,973	0,970	0,968	0,966	0,963	0,961	0,958	0,955
0,4	0,953	0,950	0,947	0,945	0,942	0,939	0,936	0,933	0,930	0,927
0,5	0,924	0,921	0,918	0,915	0,911	0,908	0,905	0,901	0,897	0,894
0,6	0,890	0,886	0,882	0,878	0,874	0,870	0,866	0,861	0,857	0,852
0,7	0,848	0,843	0,838	0,833	0,828	0,823	0,818	0,812	0,807	0,801
0,8	0,796	0,790	0,784	0,778	0,772	0,766	0,760	0,753	0,747	0,740
0,9	0,734	0,727	0,721	0,714	0,707	0,700	0,693	0,686	0,680	0,673
1,0	0,666	0,659	0,652	0,645	0,638	0,631	0,624	0,617	0,610	0,603
1,1	0,596	0,589	0,582	0,576	0,569	0,562	0,556	0,549	0,543	0,536
1,2	0,530	0,524	0,518	0,511	0,505	0,499	0,493	0,487	0,482	0,476
1,3	0,470	0,465	0,459	0,454	0,448	0,443	0,438	0,433	0,428	0,423
1,4	0,418	0,413	0,408	0,404	0,399	0,394	0,390	0,385	0,381	0,377
1,5	0,372	0,368	0,364	0,360	0,356	0,352	0,348	0,344	0,341	0,337
1,6	0,333	0,330	0,326	0,323	0,319	0,316	0,312	0,309	0,306	0,303
1,7	0,299	0,296	0,293	0,290	0,287	0,284	0,281	0,279	0,276	0,273
1,8	0,270	0,268	0,265	0,262	0,260	0,257	0,255	0,252	0,250	0,247
1,9	0,245	0,243	0,240	0,238	0,236	0,234	0,231	0,229	0,227	0,225
2,0	0,223	0,221	0,219	0,217	0,215	0,213	0,211	0,209	0,207	0.205

$$\chi = \frac{1}{\Phi + \sqrt{\Phi^2 - \bar{\lambda}^2}} \qquad (18)$$

mit

$$\Phi = 0{,}5\left[1 + 0{,}21\left(\bar{\lambda} - 0{,}2\right) + \bar{\lambda}^2\right] \qquad (19)$$

Die bezogene Schlankheit $\bar{\lambda}$ erhält man aus:

$$\bar{\lambda} = \sqrt{\frac{N_{pl.R}}{N_{cr}}} \qquad (20)$$

wobei

$N_{pl.R}$ die Querschnittstragfähigkeit für zentrische Beanspruchung $N_{pl.Rd}$ mit $\gamma_a = \gamma_c = \gamma_s = 1{,}0$ und

N_{cr} die Knicklast der Stütze sind (Euler-Knicklast).

$$N_{cr} = \frac{(EI)_e\,\pi^2}{\ell^2} \qquad (21)$$

wobei

ℓ die Knicklänge der Stütze und

$(EI)_e$ die wirksame Steifigkeit des Verbundquerschnittes sind.

Die Knicklänge (wirksame Länge) kann mit den üblichen Methoden aus der Literatur oder nach den Regeln des Eurocode 3 bestimmt werden. Für Stützen in unverschieblichen Systemen darf als Knicklänge der Stütze die Systemlänge angesetzt werden. Die Bemessung liegt dann auf der sicheren Seite.

Die wirksame Steifigkeit der Verbundstütze ergibt sich aus der Summe der Steifigkeit der einzelnen Querschnittskomponenten:

$$(EI)_e = E_a I_a + 0{,}8\, E_{cd} I_c + E_s I_s \tag{22}$$

wobei

I_a, I_c und I_s die Trägheitsmomente des Profilstahles, des Betons (Flächen im Zugbereich gelten hier als ungerissen) und der Bewehrung und

E_a und E_s die Steifigkeitsmoduln des Profilstahles und der Bewehrung und

$0{,}8\, E_{cd} I_c$ die wirksame Steifigkeit des Betonquerschnittsteiles sind, mit

$$E_{cd} = E_{cm} / 1{,}35 \tag{23}$$

dabei ist E_{cm} der Sekantenmodul des Betons nach Tabelle 2.

Die Reduktion der Betonkomponente in Gl. 22 mit dem Faktor 0,8 ist eine Maßnahme, das Reißen des Betons infolge der Biegemomente nach Theorie 2. Ordnung zu erfassen. Die Steifigkeit ist mit einer Sicherheitsbeiwert von $\gamma_c = 1{,}35$ zu berechnen (Gl. 23).

Die vereinfachte Berechnungsmethode des Eurocode 4 war ursprünglich mit einem Steifigkeitsmodul des Betons von 600 f_{ck} entwickelt worden. Um jedoch eine vergleichbare Basis wie Eurocode 2 zu erhalten, wurde als Bezug der Sekantenmodul des Betons E_{cm} gewählt. Die Umrechnung führte zu dem Faktor 0,8 in Gl. 22. Dieser Faktor ebenso wie der Sicherheitsfaktor 1,35 in Gl. 23 kann zur Abdeckung des Einflusses aus dem Reißen des Betons unter Momentenbeanspruchung nach Theorie 2. Ordnung angesehen werden. Sollte diese Methode zur Auswertung von Versuchsergebnissen an Verbundstützen verwendet werden, die im allgemeinen ohne jeden Sicherheitsbeiwert zu erfolgen hat, sollte trotzdem der Sicherheitsbeiwert für die Steifigkeit angesetzt werden, d. h. die rechnerische Tragfähigkeit der Stütze sollte dann mit ($0{,}8\, E_{cm} / 1{,}35$) bestimmt werden. Weiterhin sollte der Wert von 1,35 auch dann nicht geändert werden, wenn in den unterschiedlichen Ländern andere Sicherheitsbeiwerte benutzt werden.

Der Einfluß des Langzeitverhaltens des Betons auf die Tragfähigkeit wird über eine Modifikation des Betonmoduls erfaßt. Kriechen und Schwinden können infolge des Einflusses auf die Verformungen (Theorie 2. Ordnung) die Tragfähigkeit einer Stütze reduzieren. Für eine vollständig kriecherzeugende Belastung wird der Betonmodul auf den halben Wert reduziert. Für nur teilweise ständige Belastungen darf eine Interpolation vorgenommen werden:

$$E_c = E_{cd} \left(1 - 0{,}5 \frac{N_{G.sd}}{N_{Sd}} \right) \tag{24}$$

wobei

N_{Sd} die gesamte Bemessungsnormalkraft und

$N_{G.Sd}$ der ständig wirkende Teil davon ist.

Diese Vorgehensweise führt zu einer Umlagerung der Spannungen in den Stahlteil, was eine gute Simulation der wirklichen Verhältnisse ist.

Bei kurzen Stützen und/oder großen Exzentrizitäten der Normalkraft braucht der Einfluß aus Kriechen und Schwinden nicht berücksichtigt zu werden. Falls die Exzentrizität den zweifachen Wert der Außenabmessung überschreitet, kann der Einfluß des Lanzeitverhaltens des Betons im Vergleich zu den planmäßigen Biegemomenten vernachlässigt werden.

Weiterhin wirken sich das Kriechen und Schwinden nur bei schlanken Stützen merkbar aus. Falls die Grenzschlankheiten der nachfolgenden Gleichungen eingehalten werden, braucht das Kriechen und Schwinden nicht berücksichtigt zu werden.

Für ausgesteifte und unverschiebliche Systeme:

$$\bar{\lambda} \leq \frac{0{,}8}{1-\delta} \tag{25}$$

Für unausgesteifte und verschiebliche Systeme:

$$\bar{\lambda} \leq \frac{0{,}5}{1-\delta} \tag{26}$$

mit δ nach Gl. 9.

Diese Grenzschlankheiten für die Berücksichtigung der Langzeiteffekte führen zu ziemlich großen Werten. Dieses konnte durch Langzeitversuche bestätigt werden, bei denen nahezu keinerlei Einfluß aus Kriechen und Schwinden zu beobachten war. Der Beton ist vollkommen von der Umwelt abgeschlossen und kann mit Beton unter Wasser verglichen werden. Zusätzlich werden die Grenzwerte 0,8 und 0,5 nur auf den Betonteil des Querschnittes angewendet, der durch den Nenner „1 – δ" beschrieben ist. Für die Berechnung der Grenzwerte sollte die bezogene Schlankheit $\bar{\lambda}$ ohne Berücksichtigung des Kriechens und Schwindens berechnet werden; eine Iteration ist nicht erforderlich.

3.5 Querschnittstragfähigkeit für Biegung

Bei der Berechnung der Querschnittstragfähigkeit für Biegung wird eine vollplastische Spannungsverteilung (Bild 6) zugrunde gelegt. Der Beton in der Zugzone gilt als gerissen und wird daher vernachlässigt. Die Lage der Spannungsnullinie ergibt sich aus der Bedingung, daß keine Normalkraft aus den Spannungen resultiert. Das resultierende Moment aus den Spannungen ist die Querschnittstragfähigkeit für Biegung $M_{pl.Rd}$.

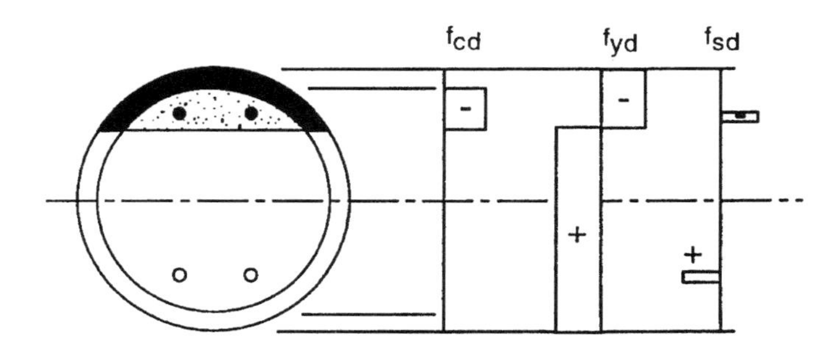

Bild 6 – Spannungsverteilung bei der Querschnittstragfähigkeit für Biegung

Die Tabellen 8 bis 10 geben den Verhältniswert der Biegetragfähigkeit eines Verbundquerschnittes zu einem entsprechenden Stahlquerschnitt ohne Betonfüllung an. Bei den Rechteck- und Quadratquerschnitten wurde ein Eckausrundungsradius von der zweifachen Wanddicke angesetzt. Um eine schnelle Berechnung des Bezugswertes, d. h. des Stahlquerschnittes, zu ermöglichen, wurden diese ohne jede Eckausrundung zugrunde gelegt. Bei kleinen Querschnitten hat die Berücksichtigung der Eckausrundung einen größeren Einfluß als die Betonfüllung. So erklären sich Werte, die kleiner sind als 1,0. Die Werte $m_{\square}$ und $m_{\circ}$ aus den Tabellen 8 bis 11 müssen mit der plastischen Tragfähigkeit des reinen scharfkantigen Stahlprofiles multipliziert werden. Daraus folgen die Gleichungen 27 und 28 (Bezeichnungen siehe Bild 3):

Betongefüllte runde Hohlprofilstützen für das neue VDEh-Gebäude in Düsseldorf, Deutschland.

– Rechteck- und Quadrathohlprofile:

$$M_{pl.Rd} = m_{\square} \frac{h^2 b - (h - 2t)^2 (b - 2t)}{4} f_{yd} \quad (27)$$

wobei

h die Querschnittsabmessung senkrecht zur betrachteten Biegeachse ist

– Rundhohlprofile:

$$M_{pl.Rd} = m_{\circ} \frac{d^3 - (d - 2t)^3}{6} f_{yd} \quad (28)$$

Die Werte wurden ohne Berücksichtigung irgendeiner Längsbewehrung ermittelt. Längsbewehrung kann jedoch einfach berücksichtigt werden, indem die plastische Biegetragfähigkeit der Bewehrung allein addiert wird:

$$M_{pl.s.Rd} = \sum_{i=1}^{n} |e_i| \, A_{si} \, f_{sd} \quad (29)$$

wobei

A_{si} die Fläche eines Bewehrungsstabes,

$|e_i|$ der Abstand des Bewehrungsstabes zur Biegeachse und

f_{sd} die Bemessungsfestigkeit der Bewehrung sind.

Abhängig von der Lage der Spannungsnullinie führt dies zu sehr kleinen Abweichungen von den genauen Werten.

Tabelle 8 – Korrekturfaktor $m_{\square}$ für rechteckige Hohlprofilquerschnitte mit h/b = 0,5

		h/t									
		10	15	20	25	30	40	50	60	80	100
Fe235	C20	0,9743	1,0134	1,0378	1,0556	1,0694	1,0898	1,1045	1,1156	1,1314	1,1422
	C30	0,9858	1,0287	1,0551	1,0738	1,0879	1,1081	1,1220	1,1321	1,1461	1,1553
	C40	0,9952	1,0404	1,0677	1,0865	1,1004	1,1198	1,1328	1,1422	1,1547	1,1628
	C50	1,0031	1,0497	1,0773	1,0959	1,1095	1,1281	1,1403	1,1489	1,1603	1,1676
Fe275	C20	0,9704	1,0080	1,0315	1,0487	1,0622	1,0825	1,0972	1,1086	1,1250	1,1363
	C30	0,9811	1,0225	1,0483	1,0667	1,0808	1,1012	1,1154	1,1260	1,1408	1,1506
	C40	0,9900	1,0340	1,0608	1,0796	1,0937	1,1136	1,1271	1,1369	1,1502	1,1589
	C50	0,9975	1,0432	1,0705	1,0893	1,1032	1,1224	1,1351	1,1443	1,1565	1,1643
Fe355	C20	0,9649	1,0001	1,0220	1,0381	1,0509	1,0705	1,0852	1,0967	1,1137	1,1259
	C30	0,9741	1,0131	1,0375	1,0553	1,0690	1,0895	1,1042	1,1153	1,1312	1,1420
	C40	0,9820	1,0238	1,0497	1,0681	1,0822	1,1026	1,1168	1,1273	1,1419	1,1516
	C50	0,9889	1,0326	1,0594	1,0782	1,0922	1,1122	1,1258	1,1357	1,1492	1,1580
Fe460	C20	0,9603	0,9931	1,0133	1,0283	1,0402	1,0587	1,0729	1,0843	1,1016	1,1143
	C30	0,9680	1,0045	1,0274	1,0441	1,0573	1,0774	1,0921	1,1036	1,1203	1,1320
	C40	0,9748	1,0141	1,0387	1,0565	1,0704	1,0908	1,1055	1,1165	1,1323	1,1430
	C50	0,9810	1,0224	1,0481	1,0665	1,0806	1,1010	1,1153	1,1259	1,1407	1,1505

Tabelle 9 – Korrekturfaktor $m_{\square}$ für rechteckige Hohlprofilquerschnitte mit h/b = 1,0

		h/t									
		10	15	20	25	30	40	50	60	80	100
Fe235	C20	0,9268	0,9840	1,0186	1,0439	1,0640	1,0953	1,1191	1,1382	1,1674	1,1887
	C30	0,9388	1,0023	1,0415	1,0701	1,0925	1,1264	1,1513	1,1707	1,1989	1,2187
	C40	0,9495	1,0181	1,0603	1,0908	1,1143	1,1491	1,1739	1,1927	1,2193	1,2374
	C50	0,9593	1,0317	1,0760	1,1076	1,1316	1,1664	1,1906	1,2086	1,2335	1,2501
Fe275	C20	0,9231	0,9780	1,0109	1,0349	1,0540	1,0839	1,1070	1,1257	1,1547	1,1763
	C30	0,9337	0,9947	1,0321	1,0594	1,0810	1,1141	1,1388	1,1582	1,1870	1,2075
	C40	0,9434	1,0092	1,0498	1,0793	1,1023	1,1367	1,1617	1,1808	1,2084	1,2275
	C50	0,9523	1,0220	1,0649	1,0957	1,1194	1,1542	1,1789	1,1975	1,2237	1,2413
Fe355	C20	0,9179	0,9697	1,0000	1,0219	1,0393	1,0667	1,0882	1,1059	1,1340	1,1555
	C30	0,9266	0,9837	1,0182	1,0435	1,0636	1,0947	1,1186	1,1377	1,1668	1,1882
	C40	0,9347	0,9962	1,0340	1,0616	1,0834	1,1166	1,1414	1,1608	1,1895	1,2099
	C50	0,9422	1,0075	1,0477	1,0770	1,0998	1,1342	1,1591	1,1783	1,2061	1,2253
Fe460	C20	0,9137	0,9627	0,9907	1,0106	1,0263	1,0511	1,0707	1,0871	1,1136	1,1345
	C30	0,9207	0,9743	1,0060	1,0291	1,0475	1,0764	1,0988	1,1171	1,1458	1,1675
	C40	0,9273	0,9848	1,0197	1,0452	1,0654	1,0969	1,1208	1,1400	1,1691	1,1904
	C50	0,9336	0,9945	1,0319	1,0592	1,0808	1,1138	1,1385	1,1579	1,1867	1,2072

Tabelle 10 – Korrekturfaktor $m_{\square}$ für rechteckige Hohlprofilquerschnitte h/b = 2,0

		h/t									
		10	15	20	25	30	40	50	60	80	100
Fe235	C20	0,8564	0,9351	0,9787	1,0093	1,0334	1,0712	1,1009	1,1258	1,1659	1,1976
	C30	0,8645	0,9503	1,0000	1,0356	1,0639	1,1082	1,1425	1,1705	1,2142	1,2473
	C40	0,8722	0,9644	1,0191	1,0587	1,0900	1,1385	1,1753	1,2047	1,2494	1,2820
	C50	0,8797	0,9776	1,0364	1,0790	1,1126	1,1638	1,2020	1,2319	1,2762	1,3077
Fe275	C20	0,8540	0,9304	0,9721	1,0010	1,0236	1,0588	1,0867	1,1101	1,1483	1,1789
	C30	0,8610	0,9438	0,9910	1,0246	1,0512	1,0930	1,1256	1,1525	1,1951	1,2279
	C40	0,8678	0,9563	1,0082	1,0456	1,0753	1,1215	1,1571	1,1858	1,2302	1,2632
	C50	0,8743	0,9681	1,0240	1,0645	1,0965	1,1458	1,1831	1,2127	1,2574	1,2898
Fe355	C20	0,8507	0,9240	0,9629	0,9894	1,0097	1,0412	1,0660	1,0869	1,1216	1,1500
	C30	0,8563	0,9348	0,9784	1,0089	1,0330	1,0706	1,1002	1,1250	1,1651	1,1968
	C40	0,8617	0,9451	0,9927	1,0268	1,0538	1,0960	1,1290	1,1561	1,1990	1,2319
	C50	0,8669	0,9548	1,0061	1,0431	1,0725	1,1182	1,1534	1,1820	1,2262	1,2593
Fe460	C20	0,8481	0,9189	0,9555	0,9798	0,9982	1,0262	1,0481	1,0666	1,0974	1,1231
	C30	0,8525	0,9275	0,9679	0,9957	1,0173	1,0510	1,0775	1,0998	1,1366	1,1663
	C40	0,8568	0,9357	0,9797	1,0106	1,0349	1,0729	1,1029	1,1280	1,1684	1,2002
	C50	0,8609	0,9437	0,9908	1,0243	1,0510	1,0926	1,1252	1,1521	1,1947	1,2275

Tabelle 11 – Korrekturfaktor $m_{\circ}$ für runde Hohlprofile

		d/t									
		10	15	20	25	30	40	50	60	80	100
Fe235	C20	1,0294	1,0491	1,0669	1,0830	1,0976	1,1231	1,1447	1,1634	1,1943	1,2190
	C30	1,0420	1,0685	1,0914	1,1115	1,1291	1,1589	1,1833	1,2037	1,2363	1,2615
	C40	1,0534	1,0853	1,1121	1,1348	1,1543	1,1866	1,2122	1,2333	1,2663	1,2913
	C50	1,0638	1,1003	1,1298	1,1545	1,1752	1,2089	1,2351	1,2564	1,2892	1,3137
Fe275	C20	1,0255	1,0429	1,0589	1,0735	1,0868	1,1105	1,1309	1,1487	1,1785	1,2026
	C30	1,0366	1,0604	1,0813	1,0998	1,1163	1,1445	1,1679	1,1878	1,2199	1,2450
	C40	1,0469	1,0758	1,1005	1,1217	1,1403	1,1713	1,1963	1,2171	1,2500	1,2751
	C50	1,0563	1,0896	1,1172	1,1405	1,1604	1,1931	1,2190	1,2402	1,2731	1,2980
Fe355	C20	1,0201	1,0343	1,0475	1,0598	1,0712	1,0918	1,1100	1,1262	1,1538	1,1767
	C30	1,0292	1,0488	1,0665	1,0826	1,0971	1,1225	1,1441	1,1628	1,1936	1,2182
	C40	1,0377	1,0620	1,0833	1,1021	1,1188	1,1474	1,1710	1,1910	1,2233	1,2484
	C50	1,0456	1,0739	1,0982	1,1191	1,1375	1,1682	1,1930	1,2138	1,2466	1,2718
Fe460	C20	1,0158	1,0271	1,0379	1,0481	1,0576	1,0752	1,0911	1,1054	1,1305	1,1517
	C30	1,0231	1,0391	1,0538	1,0674	1,0799	1,1023	1,1217	1,1389	1,1678	1,1915
	C40	1,0299	1,0500	1,0681	1,0844	1,0991	1,1249	1,1467	1,1655	1,1965	1,2212
	C50	1,0365	1,0602	1,0811	1,0995	1,1160	1,1442	1,1676	1,1874	1,2195	1,2447

3.6 Querschnittstragfähigkeit für Druck- und Biegebeanspruchung

Der Widerstand eines Querschnittes gegen Druck- und Biegebeanspruchung kann durch die Querschnittsinteraktionskurve dargestellt werden. Diese beschreibt die Beziehung zwischen den Schnittgrößen Normalkraft N_{Rd} und Biegemoment M_{Rd}. Die Berechnung einer solchen Interaktionskurve erfordert normalerweise einen erheblichen Rechenaufwand. Die Lage der Spannungsnullinie (neutrale Achse) in Bild 6, bei der die innere Normalkraft gleich Null ist, wird kontinuierlich bis zum unteren Rand des Querschnittes verschoben, und die entsprechenden resultierenden inneren Schnittgrößen werden berechnet. Am unteren Rand ergibt sich als innere Normalkraft $N_{pl.Rd}$.

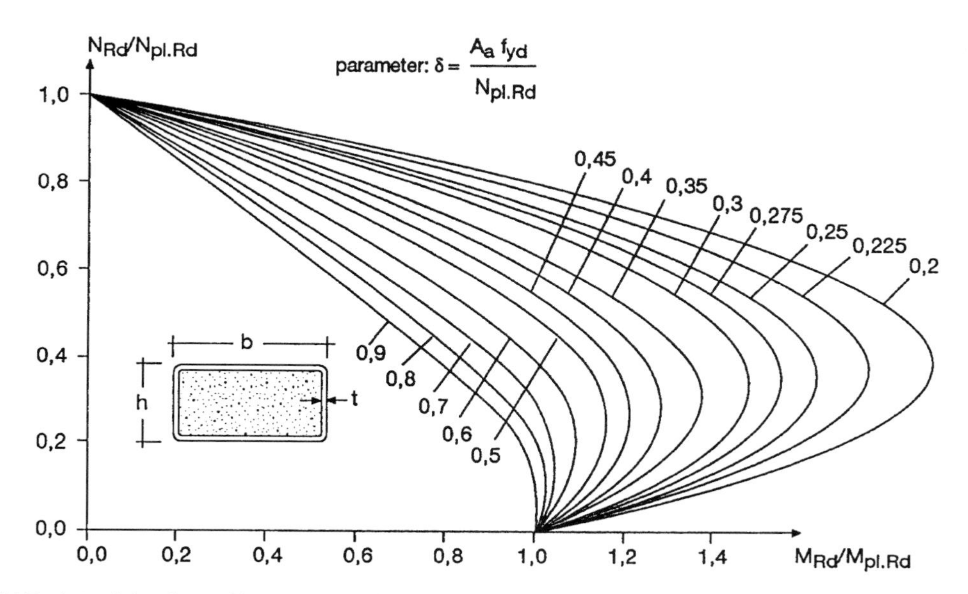

Bild 7 – Interaktionskurve für rechteckige Querschnitte mit h/b = 0,5

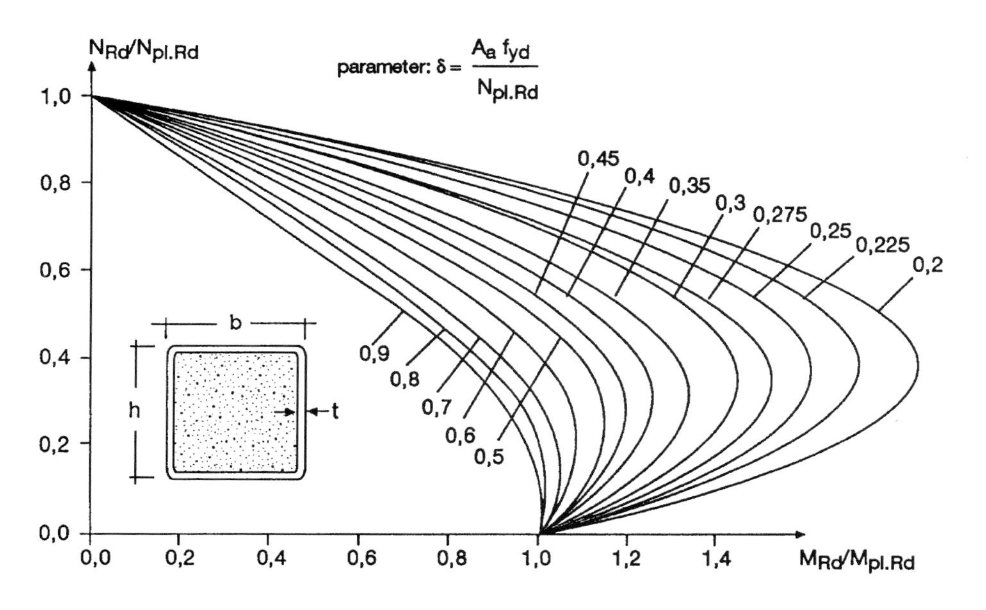

Bild 8 – Interaktionskurve für quadratische Querschnitte mit h/b = 1,0

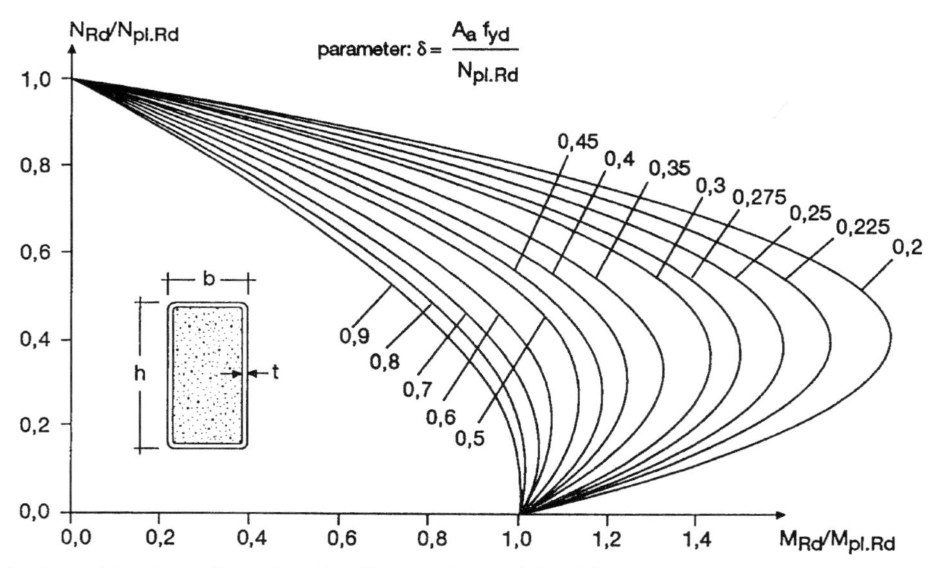

Bild 9 – Interaktionskurve für rechteckige Querschnitte mit h/b = 2,0

Für bestimme Querschnittsverhältnisse sind in den Bildern 7 bis 10 Querschnittsinteraktionskurven in Abhängigkeit vom Querschnittsparameter δ angegeben. Diese können für eine schnelle Vorbemessung zur Abschätzung des Querschnittes herangezogen werden. Sie wurden allerdings ohne Berücksichtigung von Längsbewehrung erstellt. Sie können jedoch auch für Querschnitte mit Bewehrung benutzt werden, wenn die Bewehrung beim δ-Wert und bei den Grundwerten $N_{pl.Rd}$ und $M_{pl.Rd}$ eingerechnet wird.

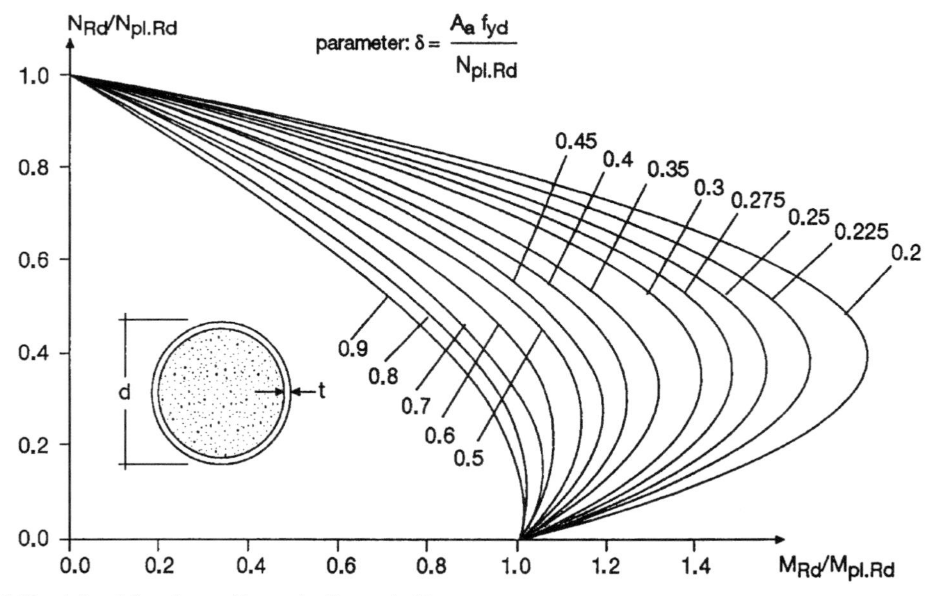

Bild 10 – Interaktionskurve für runde Querschnitte

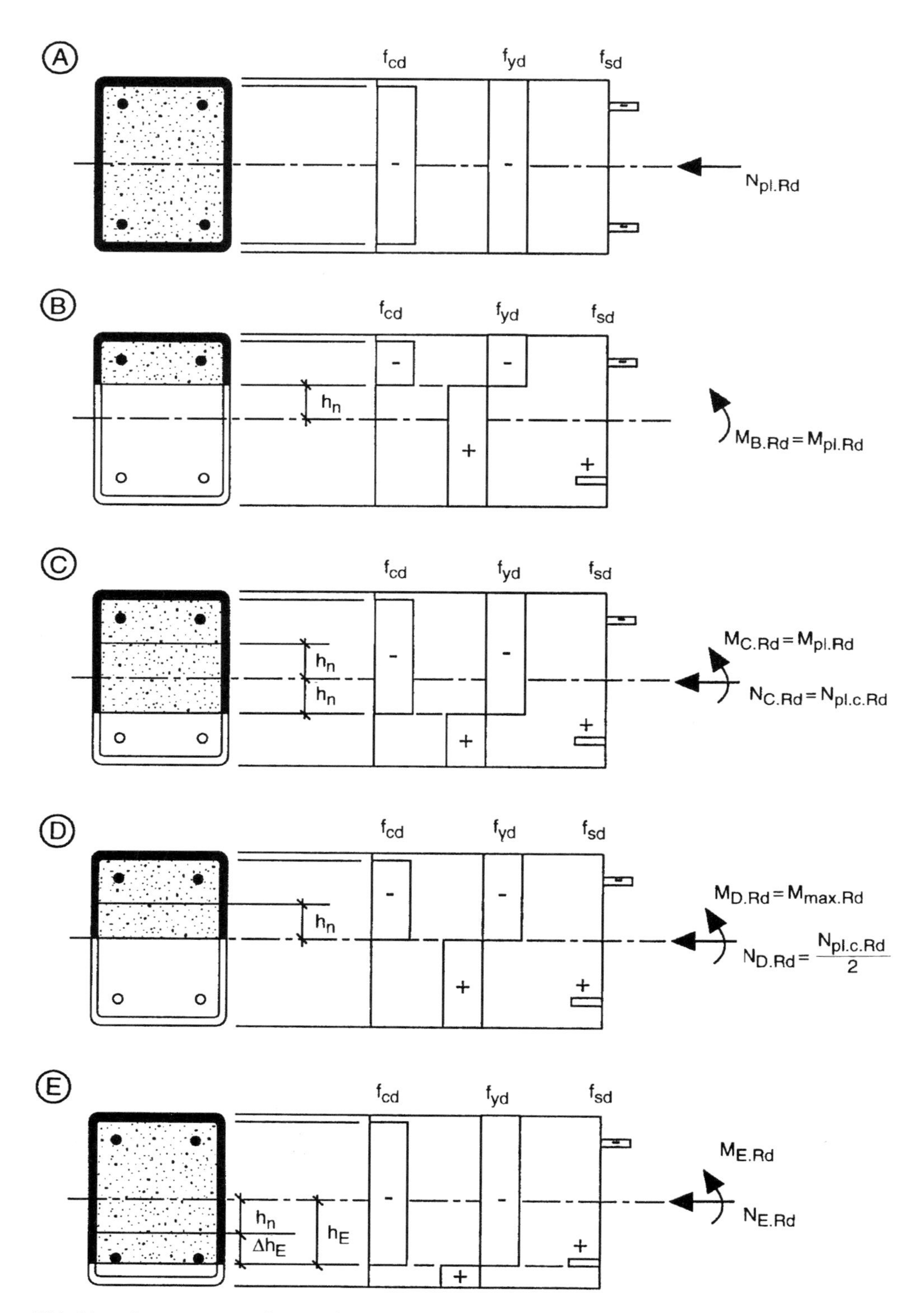

Bild 11 – Spannungsverteilungen für ausgezeichnete Lagen der Spannungsnullinie im Querschnitt (Punkte A bis E)

Betongefüllte Stahlhohlprofilstützen an der Universität von Winnipeg, Canada.

Der größte Wert für das innere Biegemoment ergibt sich, wenn die Spannungsnullinie exakt auf der Mittellinie des Querschnittes liegt. Bild 11 zeigt ausgezeichnete Lagen der Spannungsnullinie, an denen die innere Normalkraft und das innere Moment einfach berechnet werden können, indem die Symmetrieeigenschaften des Querschnittes ausgenutzt werden.

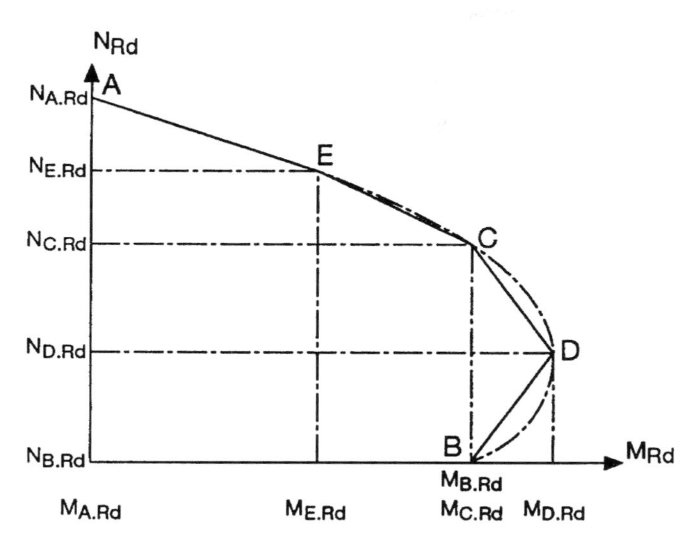

Bild 12 – Polygonale Querschnittsinteraktionskurve durch die Punkte A bis E

Der Punkt auf der Querschnittsinteraktionskurve, der zu der Spannungsverteilung mit Spannungsnullinie auf der Mittellinie des Querschnittes gehört, ist der Punkt D in Bild 11 und Bild 12. Bei Betrachtung der der Spannungsverteilungen beim Punkt D (Bild 11) erkennt man, daß die innere Normalkraft gerade halb so groß wie die plastische Normalkraft $N_{pl.c.Rd}$ des reinen Betonteiles des Querschnittes ist. Das liegt daran, daß sich bei dieser Lage der Spannungsnullinie die Druck- und die Zugspannungen im Stahlprofil ebenso wie in der Bewehrung gegenseitig aufheben. Das zugehörige innere Biegemoment läßt sich sehr einfach bestimmen:

$$M_{D.Rd} = M_{max.Rd} = W_{pa}\, f_{yd} + \frac{1}{2} W_{pc}\, f_{cd} + W_{ps}\, f_{sd} \tag{30}$$

wobei

W_{pa}, W_{pc} und W_{ps} die plastischen Widerstandsmomente des Profilstahles, des Betonteils und der Bewehrung und

f_{yd}, f_{cd} und f_{sd} die Bemessungsfestigkeiten nach Abschnitt 2 sind.

$$N_{D.Rd} = \frac{1}{2} N_{pl.c.Rd} = \frac{1}{2} A_c\, f_{cd} \tag{31}$$

Die plastischen Widerstandsmomente können entweder Tabellenwerken entnommen oder mit Hilfe der Gleichungen 32 bis 36 unter Beachtung der Bezeichnungen von Bild 3 berechnet werden.

Die Gleichungen 32 und 33 für rechteckige Hohlprofile mit Biegung um die y-Achse gelten auch für Biegung um die z-Achse, wenn man die Abmessungen h und b vertauscht.

$$W_{pc} = \frac{(b-2t)\,(h-2t)^2}{4} - \frac{2}{3}\,r^3 - r^2\,(4-\pi)\,(0{,}5\,h-t-r) \tag{32}$$

$$W_{pa} = \frac{b\,h^2}{4} - \frac{2}{3}\,(r+t)^3 - (r+t)^2\,(4-\pi)\,(0{,}5\,h-t-r) \tag{33}$$

Bei diesen Gleichungen wurden die Eckausrundungsradien vollständig berücksichtigt. Für schlanke Rechteckquerschnitte ist der Einfluß der Eckausrundungsradien so klein, daß dann alle Teile in den Gleichungen 32 und 33 vernachlässigt werden können, in denen der Radius r auftaucht. Dies vereinfacht die Gleichungen erheblich.
Für runde Querschnitte ergibt sich:

$$W_{pc} = \frac{(d-2t)^3}{6} \tag{34}$$

$$W_{pa} = \frac{d^3}{6} - W_{pc} \tag{35}$$

Die Bewehrung wird über nachfolgende Gleichung erfaßt:

$$W_{ps} = \sum_{i=1}^{n} \left| A_{si}\, e_i \right| \tag{36}$$

wobei

A_{si} die Querschnittsflächen der einzelnen Bewehrungsstäbe und

e_i deren Abstände von der Mittellinie senkrecht zur betrachteten Biegeachse sind.

Verwaltungsgebäude in Toulouse, Frankreich (Architekten: Starkier und Gaisne). Betongefüllte Stahlhohlprofile mit quadratischem Querschnitt mit 250 mm und 300 mm Außenabmessung.

Vergleicht man die Spannungsverteilungen am Punkt B, bei der die innere Normalkraft gleich Null ist, mit derjenigen am Punkt D (Bild 11), so wurde die Spannungsnullinie um die Strecke h_n verschoben. Daher kann die innere Normalkraft am Punkt D $N_{D.Rd}$ auch durch die zusätzlich überdrückten Teile berechnet werden. Dieses kann zur Bestimmung von h_n benutzt werden, da die innere Normalkraft $N_{D.Rd}$ bereits durch Gleichung 31 bekannt ist. Als Beispiel ergibt sich für einen Rechteckquerschnitt:

$$h_n = \frac{N_{pl.c.Rd} - A_{sn}(2f_{sd} - f_{cd})}{2bf_{cd} + 4t(2f_{yd} - f_{cd})} \tag{37}$$

Der Bewehrungsanteil A_{sn} im Bereich von h_n in Gleichung 37 ist nur der Vollständigkeit halber angegeben. Für das gewählte Beispiel (Bild 11) liegt keine Bewehrung in diesem Teil des Querschnittes.

Die genaue Berechnung von h_n für runde Hohlprofile ist ziemlich kompliziert wegen der nicht-konstanten Breite im Bereich von h_n. Ersetzt man jedoch in Gleichung 37 die Abmessung b durch d, so ist Gleichung 37 in guter Näherung auch für runde Querschnitte einzusetzen. Die Abweichung zu einer genaueren Berechnung liegt unterhalb von 3%.

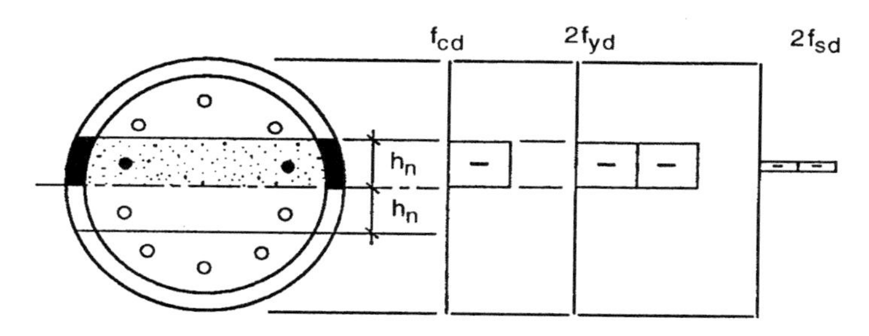

Bild 13 – Zusätzliche Spannungsblöcke am Punkt D

Bild 13 zeigt die zusätzlich überdrückten Teile des Querschnittes beim Übergang vom Punkt B zum Punkt D. Wenn man das innere Moment aus diesen Spannungsblöcken $M_{n.Rd}$ von $M_{D.Rd}$, abzieht, erhält man die Querschnittstragfähigkeit für reine Biegung $M_{B.Rd} = M_{pl.Rd}$.

$$M_{pl.Rd} = M_{B.Rd} = M_{D.Rd} - M_{n.Rd} \tag{38}$$

$M_{n.Rd}$ kann als Querschnittstragfähigkeit eines Querschnittes mit der Höhe von 2 h_n interpretiert werden.

$$M_{n.Rd} = W_{pan}\, f_{yd} + \frac{1}{2}\, W_{pcn}\, f_{cd} + W_{psn}\, f_{sd} \tag{39}$$

wobei

W_{pan}, W_{pcn} und W_{psn} die plastischen Widerstandsmomente des Profilstahles, des Betonteiles und der Bewehrung im Bereich von 2 h_n sind.

Diese plastischen Widerstandsmomente der Querschnittsteile im Bereich von 2 h_n können mit den Gleichungen 40 und 41 berechnet werden. Diese Gleichungen können auch für Rundquerschnitte durch Ersetzen von b durch d angewendet werden.

$$W_{pcn} = (b - 2t)\, h_n^2 - W_{psn} \tag{40}$$

$$W_{pan} = 2t\, h_n^2 \tag{41}$$

W_{psn} wird mit Gleichung 36 berechnet, wobei nur die Bewehrungsstäbe berücksichtigt werden, die im Bereich von 2 h_n liegen.

Betrachtet man die Spannungsverteilungen beim Punkt C (Bild 11), so ist der Abstand der Spannungsnullinie von der Mittellinie wieder h_n. Das innere Moment $M_{C.Rd}$ ist gleich dem Moment $M_{B.Rd}$, da die zwischen den Spannungsverteilungen des Punktes B und denen des Punktes C zusätzlich überdrückten Teile den Wert des Biegemomentes nicht beeinflussen. Die zugehörige innere Normalkraft ist zweimal so groß wie beim Punkt D.

$$M_{C.Rd} = M_{B.Rd} = M_{pl.Rd} \tag{42}$$

$$N_{C.Rd} = 2N_{D.Rd} = N_{pl.c.Rd} \tag{43}$$

Der Punkt E ist kein ausgezeichneter Punkt bezüglich der Symmetrie des Querschnittes. Es ist lediglich ein Punkt, der zwischen den Punkten C und A der polygonalen Interaktionskurve liegen sollte. Für die Bestimmung dieses Punktes sollte die Lage der Spannungsnullinie so gewählt werden, daß die zugehörigen inneren Schnittgrößen auf einfache Art und Weise berechnet werden können. Der beste Punkt liegt genau auf der Mitte zwischen Punkt C und A. Die Bestimmung des Punktes E wird hier für den Mittelwert von $N_{pl.Rd}$ und $N_{pl.c.Rd}$ (Bild 11) gezeigt.

$$N_{E.Rd} = \frac{N_{pl.Rd} + N_{pl.c.Rd}}{2} \tag{44}$$

$$h_E = h_n + \frac{N_{pl.Rd} - N_{pl.c.Rd} - A_{sE}(2f_{sd} - f_{cd})}{2bf_{cd} + 4t(2f_{yd} - f_{cd})} \tag{45}$$

Höhere Schule für Elektronik, Elektrizität und Computerwissenschaften in Marne la Vallée, Frankreich (Archtekt: Perrault). Runde betongefüllte Hohlprofilstützen mit 273 mm und 323,9 mm Durchmesser.

wobei

A_{sE} die Summe der Querschnittsflächen der Bewehrungsanteile im Bereich zwischen h_E und h_n ist.

Die plastischen Widerstandsmomente können mit den Gleichungen 40 und 41 bestimmt werden, in dem h_n durch h_E ersetzt wird. Mit den Punkten A bis E ist die Interaktionskurve sehr gut angenähert (Bild 12).

3.7 Einfluß von Querkräften

Es ist erlaubt, die Querkraft einer Verbundstütze entweder dem Stahlprofil allein oder dem Verbundquerschnitt durch Aufteilung in eine Stahl- und eine Stahlbetonkomponente zuzuweisen. Die Bemessung für die Komponente des Stahlbetonteiles sollte dann nach den Regeln des Eurocode 2 erfolgen. Die Komponente des Stahlprofiles kann durch eine Reduktion der Normalspannungen in den querkraftübertragenden Profilquerschnittsteilen erfaßt werden (Bild 14).

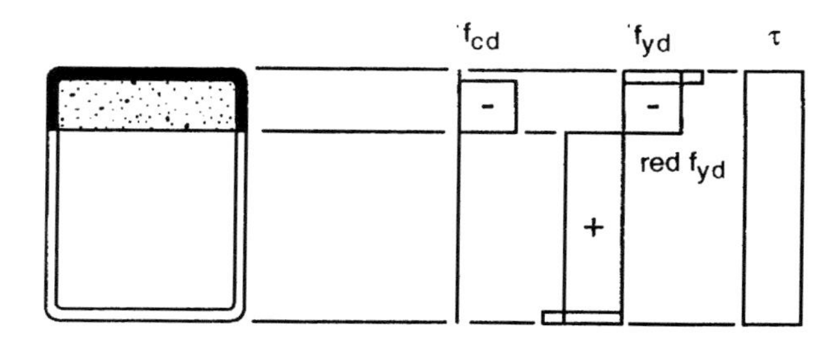

Bild 14 – Reduktion der Normalspannungen infolge Schubspannungen

Die Reduktion der Normalspannungen infolge von Schubspannungen kann nach der Hypothese von Huber/Mises/Hencky oder nach einer einfacheren quadratischen Beziehung gemäß Eurocode 4 erfolgen. Die Bestimmung der Querschnittsinteraktionskurve ist jedoch einfacher, wenn die Reduktion der Normalspannungen in eine Reduktion der entsprechenden Querschnittsfläche umgerechnet wird (Gln. 46, 47).

$$\text{red } A_V = A_V \left[1 - \left(\frac{2 V_{Sd}}{V_{pl.Rd}} - 1 \right)^2 \right] \tag{46}$$

$$V_{pl.Rd} = A_V \frac{f_{yd}}{\sqrt{3}} \tag{47}$$

wobei

V_{sd} die Stahlkomponente der Bemessungsquerkraft,

$V_{pl.Rd}$ der Querschnittswiderstand für Schub und

A_V die querkraftübertragende Fläche des Stahlprofiles sind.

Folgende Flächen können als querkraftübertragende Flächen angesetzt werden:

- Rechteckhohlprofile: $A_V = 2\,(h - t)\,t$
- Rundhohlprofile: $A_V = 2\,d\,t$

Wohngebäude in Nantes, Frankreich (Architekten: Dubosc und Landowski). Quadratische Stahlhohlprofilstützen mit 200 mm Außenabmessung.

Die reduzierte Fläche red A_V wird im allgemeinen durch Abminderung der Breite der entsprechenden Fläche berechnet. Falls Gleichung 48 verwendet wird, können für die Berechnung der Querschnittsinteraktionskurve alle oben angegebenen Gleichungen benutzt werden. Lediglich bei den entsprechenden Dicken ist dann die reduzierte Dicke red t einzusetzen.

$$\text{red } t = t\left[1 - \left(\frac{2V_{Sd}}{V_{pl.Rd}} - 1\right)^2\right] \qquad (48)$$

Ein Einfluß der Schubspannungen auf die Normalspannungen braucht nicht berücksichtigt zu werden, wenn Gleichung 49 eingehalten wird.

$$V_{Sd} \leq 0{,}5\, V_{pl.Rd} \qquad (49)$$

3.8 Tragfähigkeit einer Stütze für Druck- und Biegebeanspruchung

3.8.1 Druck- und einachsige Biegebeanspruchung

Bild 15 zeigt die Methode für den Nachweis einer Verbundstütze unter Druck- und einachsiger Biegebeanspruchung mit Hilfe der Querschnittsinteraktionskurve. Unter Berücksichtigung der Momente aus ungewollter Imperfektion wird die Aufnahme der Schnittgrößen aus der äußeren Belastung, die nach Theorie 2. Ordnung berechnet werden, gezeigt.

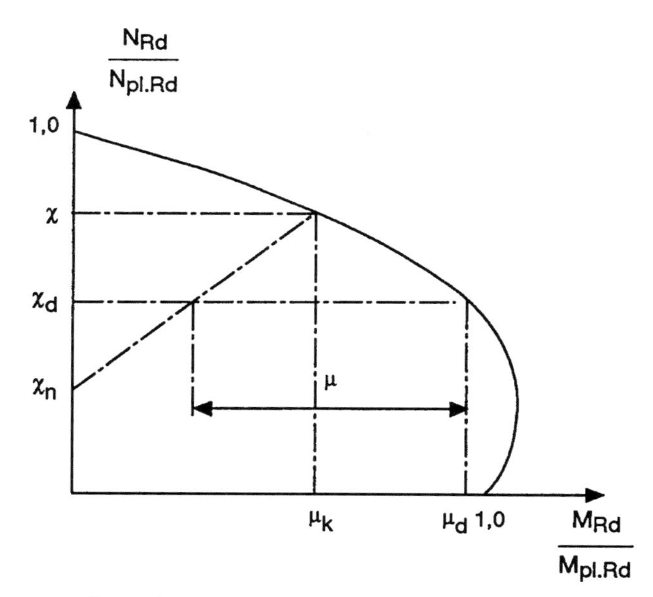

Bild 15 – Bemessungsverfahren für Druck- und einachsige Biegebeanspruchung

Zunächst ist die Tragfähigkeit für planmäßig zentrische Beanspruchung nach Abschnitt 3.4 ($\bar{\lambda}$, χ) zu bestimmen. Das bezogene Biegemoment μ_k, das bei χ aus der Imperfektionskurve abgelesen werden kann, wird als Imperfektionsmoment definiert, da eine Stütze bei Erreichen der Tragfähigkeit für zentrische Beanspruchung kein Biegemoment mehr aufnehmen kann. Für reine Stahlstützen nach Eurocode 3 wurde dieses Imperfektionsmoment in eine repräsentative Vorverformung umgerechnet. Bei Verbundstützen wird dieses Imperfektionsmoment direkt bei der Bestimmung der Tragfähigkeit für zusätzliche Momente unter Normalkraftbeanspruchungen, die unterhalb von χ liegen, berücksichtigt. Es wird linear abnehmend angenommen bis zu Null bzw. bis zu dem Wert χ_n. Beim Wert χ_d, der sich aus der aktuellen

Normalkraft N_{Sd} ($\chi_d = N_{Sd}/N_{pl.Rd}$) ergibt, erhält man den Momentenfaktor μ_d für die Biegetragfähigkeit des Querschnittes. Dieser Faktor μ_d wird um den Anteil des Imperfektionsmomentes reduziert auf den Wert μ.

$$\mu = \mu_d - \mu_k \frac{\chi_d - \chi_n}{\chi - \chi_n} \tag{50}$$

Der Einfluß der Imperfektion bei verschiedenen Momentenverteilungen kann über den Wert χ_n erfaßt werden. Geht man von der durchschlagenden Momentenverteilung aus, wird bei Annahme einer Vorverformung mit sinus- oder parabelförmigem Verlauf und unter Berücksichtigung der Effekte aus Theorie 2. Ordnung das Bemessungsmoment der Verbundstütze nur für hohe Normalkräfte vom Stützenrand in die Stütze hineinwandern. Über einen großen Bereich von Normalkraftbeanspruchungen wird das Endmoment das maximale Moment bleiben. Daher braucht der Imperfektionseinfluß nur für hohe Normalkräfte erfaßt zu werden ($\chi_n > 0$). Bei konstanten Randmomenten, z. B. Fall a in Bild 16, oder bei Querlasten innerhalb der Stützenlänge ist der Imperfektionseinfluß immer zu berücksichtigen ($\chi_n = 0$), da das Bemessungsmoment immer innerhalb der Stützenlänge liegen wird (Bild 16). Dieses gilt auch bei verschieblichen Rahmentragwerken. Für Randmomente kann χ_n folgendermaßen berechnet werden:

$$\chi_n = \chi \cdot \frac{1 - r}{4} \tag{51}$$

wobei

r das Verhältnis des kleineren zum größeren Randmoment ist ($-1 \leq r \leq +1$)

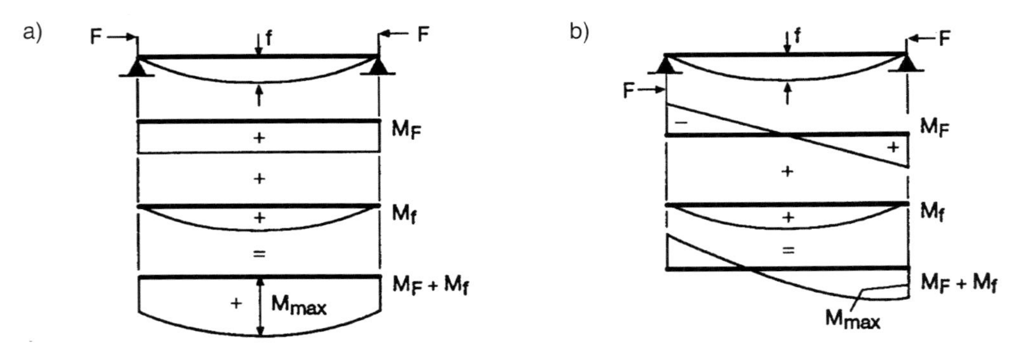

Bild 16 – Überlagerung von Biegemomenten aus äußerer Beanspruchung M_F mit Biegemomenten aus Imperfektionen M_f

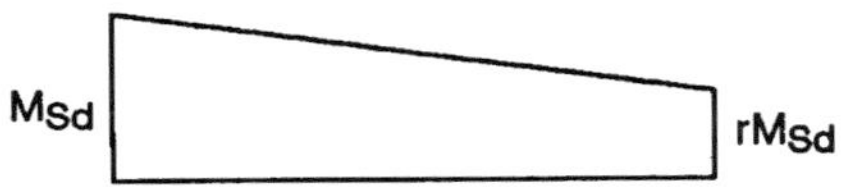

M_{Sd} rM_{Sd}

Bild 17 – Verhältnis der Randmomente ($-1 \leq r \leq +1$)

Mit Hilfe von μ wird der Nachweis für Druck- und einachsige Biegebeanspruchung geführt:

$$M_{Sd} \leq 0{,}9\ \mu\ M_{pl.Rd} \tag{52}$$

wobei

M_{Sd} das Bemessungsmoment nach Abschnitt 3.9 ist.

Die zusätzliche Abminderung mit dem Faktor 0,9 deckt folgende Vereinfachungen dieser Bemessungsmethode ab:

- Die Querschnittsinteraktionskurve wird unter Annahme vollplastischer Spannungsverteilungen ermittelt. Dehnungsbeschränkungen brauchen nicht beachtet zu werden.
- Die Berechnung des Bemessungsmomentes M_{Sd} nach Abschnitt 3.9 wird mit den wirksamen Steifigkeiten nach Abschnitt 3.4 durchgeführt. Der Einfluß des Reißens des Betons wird für größere Biegemomente nicht mehr allein durch die wirksame Biegesteifigkeit abgedeckt.

Querschnittsinteraktionskurven von Verbundstützenquerschnitten zeigen immer eine Zunahme der Biegetragfähigkeit des Querschnittes über $M_{pl.Rd}$ hinaus (Bauch der Interaktionskurve). Die Biegetragfähigkeit wächst zunächst mit zunehmender Normalkraft an, da vorher im Zugbereich liegende Querschnittsbereiche durch die Normalkraft überdrückt werden (siehe Abschnitt 3.6). Dieser positive Effekt darf allerdings nur in Rechnung gestellt werden, wenn sichergestellt ist, daß das Biegemoment und die entsprechende Normalkraft immer gleichzeitig wirken. Falls dies nicht sichergestellt werden kann und Normalkraft und Biegemoment aus unterschiedlichen Lastfällen herrühren, ist die bezogene Momententragfähigkeit μ auf 1,0 zu begrenzen.

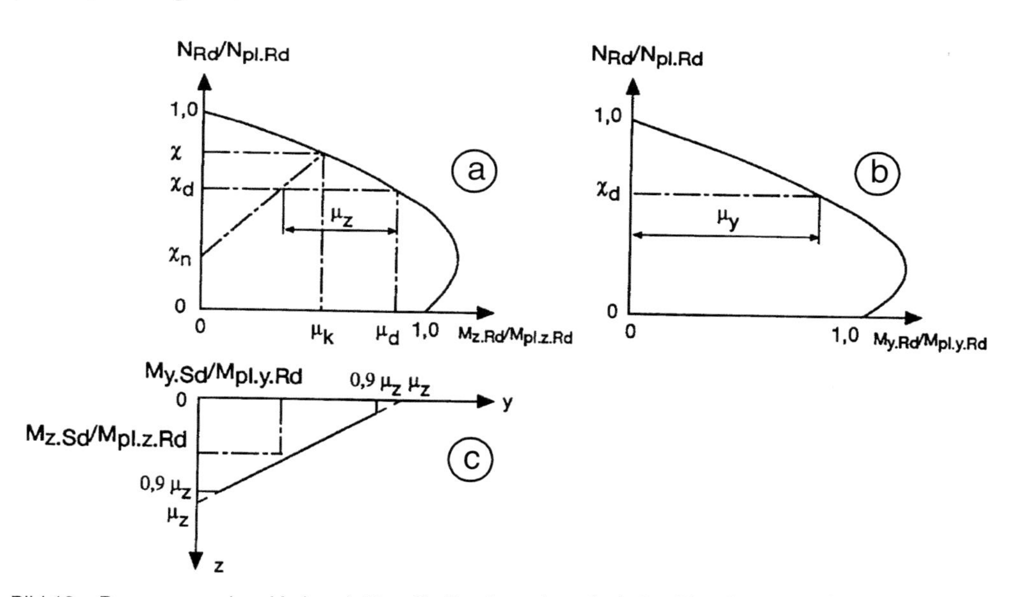

Bild 18 – Bemessung einer Verbundstütze für Druck- und zweiachsige Biegebeanspruchung

3.8.2 Druck- und zweiachsige Biegebeanspruchung

Die Bemessung einer Verbundstütze unter Druck- und zweiachsiger Biegebeanspruchung setzt die Bemessung für Druck- und einachsige Biegebeanspruchung voraus. Zusätzlich zu Abschnitt 3.8.1 muß die Interaktionskurve und der Momententragfähigkeitsfaktor μ auch für die zweite Hauptachse bestimmt werden. Der Einfluß der Imperfektion braucht dabei nur für die versagensgefährdetere Achse berücksichtigt werden.

Häufig sind den beiden Hauptachsen eines Querschnittes unterschiedliche Knicklängen zugeordnet, so daß die versagensgefährdetere Achse eindeutig festliegt. Andererseits muß bei entsprechender Zulage von Bewehrung die schwache Achse des Stahlprofils nicht unbedingt auch die schwache Achse des Gesamtquerschnittes sein. Die Wirkung unterschiedlicher Biegemomente kann ebenfalls für die versagensgefährdetere Achse bestimmend sein.

Anschluß eines Verbundträgers an eine betongefüllte Stahlhohlprofilstütze. Die Lasten aus der oberen Stütze werden über einen massiven Stahlblock in die untere Stütze eingeleitet. Der Träger ist einfach auf der Kopfplatte der unteren Stütze abgelegt.

Der Momentenfaktor μ sollte daher für beide Achsen zunächst unter Einschluß von Imperfektion bestimmt werden, so daß die versagensgefährdetere Achse eindeutig festgelegt werden kann.

Mit den bezogenen Tragfähigkeiten μ_y und μ_z wird eine neue Interaktionskurve gebildet (Bild 18c). Die lineare Verbindung von μ_y und μ_z wird bei 0,9 μ_y und 0,9 μ_z abgeschnitten, um den Einfluß kleiner Biegemomente (überwiegender einachsiger Biegung) abzudecken.

Der Nachweis ist erbracht, wenn der Vektor der bezogenen Biegemomente der beiden Achsen innerhalb der neuen Interaktionskurve liegt. Der Nachweis kann auch analytisch mit folgenden Gleichungen geführt werden:

$$\frac{M_{y.Sd}}{\mu_y\, M_{pl.y.Rd}} + \frac{M_{z.Sd}}{\mu_z\, M_{pl.z.Rd}} \leq 1{,}0 \qquad (53)$$

$$\frac{M_{y.Sd}}{\mu_y\, M_{pl.y.Rd}} \leq 0{,}9 \qquad (54)$$

$$\frac{M_{z.Sd}}{\mu_z\, M_{pl.z.Rd}} \leq 0{,}9 \qquad (55)$$

3.9 Ermittlung der Biegemomente

3.9.1 Allgemeines

Die Verbundstütze wird stets als Einzelbauteil aus einem Tragwerk herausgelöst berechnet. Die Randmomente der Stütze erhält man aus der Tragwerksberechnung. Falls das Tragwerk nach Theorie 2. Ordnung zu berechnen ist, sind auch die Randmomente daraus auf die Stütze aufzubringen. Die Schnittgrößen der Stütze werden mit diesen Randmomenten und ggf. vorhandener Querbelastung oder Lastexzentrizitäten der Normalkraft bestimmt. Im allgemeinen ist diese Berechnung wiederum nach Theorie 2. Ordnung durchzuführen.

Die Berechnung die Biegemomente darf nach Theorie 1. Ordnung erfolgen, wenn entweder die Schlankheit der Stütze klein oder die Normalkraftbeanspruchung gering ist (Gln. 56, 57).

$$\bar{\lambda} \leq 0{,}2\,(2 - r) \qquad (56)$$

$$\frac{N_{Sd}}{N_{cr}} \leq 0{,}1 \qquad (57)$$

Gleichung 56 basiert auf ähnlichen Regelungen im Eurocode 2. Der Wert r ist das Verhältnis des kleineren zum größeren Randmoment (Bild 17). Falls irgendwelche Querbelastung an der Stütze angreift, ist der Grenzwert für die Schlankheit $\bar{\lambda} = 0{,}2$, d. h. der Wert r in Gleichung 56 wird zu $r = 1$ gesetzt.

Für die Berechnung der Biegemomente nach Theorie 2. Ordnung darf die wirksame Biegesteifigkeit des Querschnittes nach Gleichung 22 zugrunde gelegt werden.

Vorverformungen brauchen explizit bei der vereinfachten Bemessungsmethode nicht angesetzt zu werden, da Imperfektionen bereits bei der Bestimmung der Momententragfähigkeit der Stütze eingearbeitet sind (siehe Abschnitt 3.8.1).

3.9.2 Genaue Berechnung der Biegemomente

Die Formeln für die Bestimmung der Biegemomente nach Theorie 2. Ordnung können in vielen Veröffentlichungen gefunden werden. Für den häufig vorkommenden Fall alleiniger Randmomente führt Gleichung 58 zu den genauen Ergebnissen.

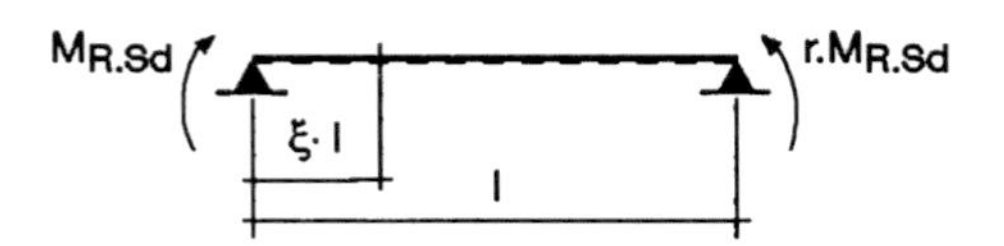

Bild 19 – Randmomente

$$M_{Sd}(\xi) = \frac{M_{R.Sd}}{\sin \varepsilon}[\sin(\varepsilon - \varepsilon\xi) + r \sin \varepsilon\xi] \tag{58}$$

wobei ξ die Stablängskoordinate (Bild 19),

r das Randmomentenverhältnis (Bild 17),

$M_{R.Sd}$ das größere Randmoment und

$$\varepsilon = l\sqrt{\frac{N_{Sd}}{(EI)_e}} = \pi\sqrt{\frac{N_{Sd}}{N_{cr}}} \tag{59}$$

wobei $(EI)_e$ nach Gleichung 22 bestimmt wird und

l die Systemlänge der Stütze ist.

Die Untersuchung, ob das Randmoment $M_{R.Sd}$ das maximale Moment ist oder ob die Theorie 2. Ordnung zu einem größeren Moment innerhalb der Stützenlänge führt, kann für diesen Belastungsfall mit Gleichung 60 erfolgen.

$$\frac{N_{Sd}}{N_{cr}} \leq \left(\frac{\arccos r}{\pi}\right)^2 \quad \Rightarrow \quad M_{max.Sd} = M_{R.Sd} \tag{60}$$

andernfalls:

$$M_{max.Sd} = \frac{M_{R.Sd}}{\sin \varepsilon}\sqrt{r^2 - 2r\cos\varepsilon + 1} \tag{61}$$

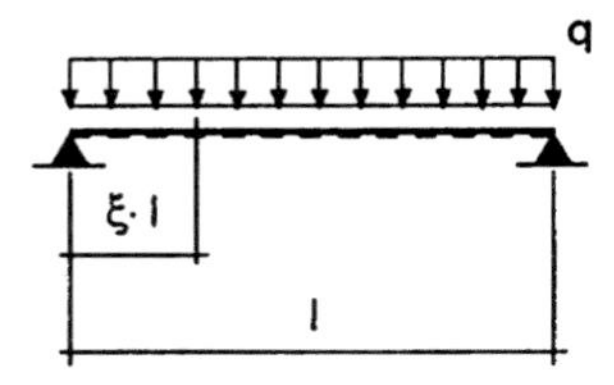

Bild 20 – Konstante Gleichstreckenlast

Für konstante Gleichstreckenbelastung (Bild 20) können die Biegemomente mit Gleichung 62 bestimmt werden.

$$M_{Sd}(\xi) = \frac{q\, l^2}{\varepsilon^2}\left[\frac{\cos\left(\frac{\varepsilon}{2} - \varepsilon\xi\right)}{\cos\frac{\varepsilon}{2}} - 1\right] \tag{62}$$

mit ε nach Gleichung 59.

Das Maximalmoment infolge konstanter Gleichstreckenlast tritt bei $\xi = 0{,}5$ auf.

Betongefüllte runde Stahlhohlprofilstützen der neuen Hauptverwaltung der staatlichen finnischen Ölgesellschaft Neste (Architekt: Jauhiainen CJN Ky). Im Bauzustand wurde die Belastung nur von der reinen Stahlkonstruktion getragen. Auf diese Weise konnte eine extrem kurze Bauzeit realisiert werden.

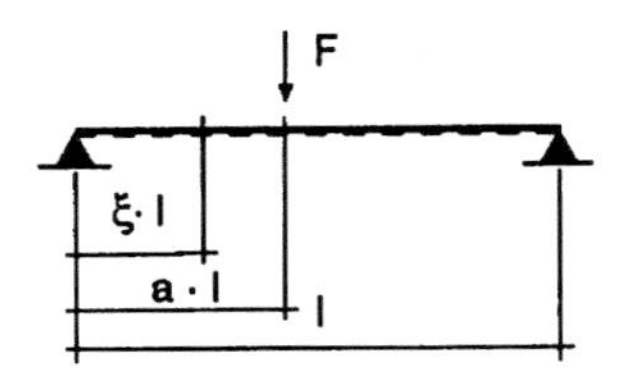

Bild 21 – Einzellast

Für eine einzelne Querlast (Bild 21) ergeben die Gleichungen 63 und 64 den Verlauf der Biegemomente über die Stützenlänge nach Theorie 2. Ordnung

$$\text{Bereich 1:} \quad M_{Sd}(\xi) = Fl \frac{\sin(\varepsilon - a\varepsilon)\sin\varepsilon\xi}{\varepsilon \sin\varepsilon} \tag{63}$$

$$\text{Bereich 2:} \quad M_{Sd}(\xi) = Fl \frac{\sin\varepsilon a \sin\varepsilon\xi}{\varepsilon \sin\varepsilon} \tag{64}$$

wobei a der Angriffspunkt der Einzellast entsprechend Bild 21 ist.

Für die gleichzeitige Wirkung verschiedener Belastungen (Randmomente und Querbelastung) können diese Gleichungen superponiert werden, solange die Normalkraft in allen Fällen die gleiche ist. Auf diese Art kann die Momentenverteilung für praktisch jede Belastung bestimmt werden. Auf der anderen Seite scheinen diese Formeln aufgrund der darin enthaltenen trigonometrischen Funktionen für die Handrechnung kompliziert, so daß sie wahrscheinlich nur in Computerprogrammen benutzt werden.

3.9.3 Vereinfachte Berechnung der Biegemomente

Für eine schnelle und einfache Handrechnung kann das Maximalmoment einer Verbundstütze ermittelt werden, indem das Maximalmoment nach Theorie 1. Ordnung mit einem Korrekturfaktor k nach Gleichung 65 multipliziert wird.

$$k = \frac{\beta}{1 - \frac{N_{Sd}}{N_{cr}}} \geq 1{,}0 \tag{65}$$

wobei N_{Sd} die Bemessungsnormalkraft,

N_{cr} die Knicklast nach Gleichung 21 sind und

β ein Faktor ist, der die Momentenverteilung entsprechend Gleichung 66 erfaßt

$$\beta = 0{,}66 + 0{,}44\,r \qquad \text{aber} \quad \beta \geq 0{,}44 \tag{66}$$

Die Gleichung für β (Gl. 66) wurde durch Vergleich der Berechnungsergebnisse mit der linearen Gleichung 66 mit denen der exakten Gleichung 61 ermittelt. Für das Randmomentenverhältnis $r = 1$ wird der Wert $\beta = 1{,}1$. Dieses ist genau der Faktor β für $N_{Sd}/N_{cr} = 0{,}4$, was als oberer Wert für die gebräuchlichen Anwendungen angesehen werden kann. Der Vergleich lieferte größere Abweichungen für Werte von β kleiner als 0,44. Daher wurde $\beta = 0{,}44$ als unterer Grenzwert gewählt. Für Verbundstützen mit Querbelastung ist der Wert β immer als $\beta = 1{,}0$ anzusetzen.

4 Schub und Lasteinleitung

4.1 Allgemeines und Grenzwerte

Bei der Bemessung von Verbundstützen wird immer vollständiger Verbund vorausgesetzt. Das bedeutet, daß kein nennenswerter Schlupf zwischen dem Stahlprofil und dem Stahlbetonteil auftreten darf.

Dieses vollständige Zusammenwirken muß durch die Lasteinleitungskonstruktion und durch den Verbund zwischen Stahlprofil und Beton gewährleistet werden.

Bei betongefüllten Hohlprofilen (rechteckig, quadratisch und rund) ist eine maximal aufnehmbare Verbundspannung von

$$\max \tau_{Rd} = 0{,}4 \text{ N/mm}^2 \tag{67}$$

einzuhalten.

Dieser Wert wurde aus Versuchen hergeleitet. Dabei wurden keine Haftspannungen in Rechnung gestellt, da diese sehr stark von der Oberflächenbeschaffenheit der Profile abhängen. Nur der Anteil der durch Reibung übertragenen Spannungen wurde bei der Festlegung der übertragbaren Verbundspannung zugunde gelegt.

Falls die Verbundspannungen die zulässigen Werte überschreiten, sind mechanische Verbundmittel anzuordnen oder es ist durch Versuche zu zeigen, daß kein nennenswerter Schlupf auftritt.

Für die Bestimmung der Verbundspannungen müssen die Komponenten der Belastung im Stahlprofil und im bewehrten Stahlbetonteil bekannt sein. Die exakte Berechnung dieser Komponenten ist sehr aufwendig, da die verschiedensten Beanspruchungs- und Steifigkeitszustände über die gesamte Stützenlänge betrachtet werden müßten (elastische, teilplastische und vollplastische Bereiche). Dies kann nur mit Finite Element Programmen durchgeführt werden, die das Last-Verformungsverhalten der Verbundfuge erfassen können. Zusätzlich ist dieses Last-Verformungsverhalten der Verbundfuge vorab in Versuchen festzustellen.

Für die praktische Anwendung erlaubt Eurocode 4 die Bestimmung der Verbundspannungen unter der Annahme elastischen Materialverhaltens. Eine weitere Methode ist, die Kräfte in der Verbundfuge über die Differenz der Schnittgrößen zwischen kritischen Schnitten zu bestimmen. Bild 22 zeigt solche kritischen Schnitte für das Beispiel einer Lasteinleitung. Aus der Differenz der Lastkomponenten oberhalb und unterhalb der Lasteinleitung können die Beanspruchungen der Verbundfuge bestimmt und ggf. mechanische Verbundmittel bemessen werden.

Die Bemessung der Querschnittseinzelteile für Schub kann nach Abschnitt 3.7 erfolgen.

4.2 Berechnung der Schnittgrößenkomponenten

Im Grenzzustand der Tagfähigkeit können die Schnittgrößenkomponenten auf der Grundlage der plastischen Tragfähigkeiten der entsprechenden Querschnittsteile ermittelt werden. Für zentrische Beanspruchung kann die Stahlprofilkomponente der Belastung mit Hilfe von Gleichung 68 berechnet werden. Die Komponente des Stahlbetonteiles ergibt sich entsprechend aus Gleichung 69.

$$\frac{N_{a.Sd}}{N_{Sd}} = \frac{N_{a.Rd}}{N_{pl.Rd}} = \delta = \frac{A_a\, f_{yd}}{A_a\, f_{yd} + A_c\, f_{cd} + A_s\, f_{sd}} \tag{68}$$

wobei f_{yd}, f_{cd} und f_{sd} die oben angegebenen Bemessungsfestigkeiten sind.

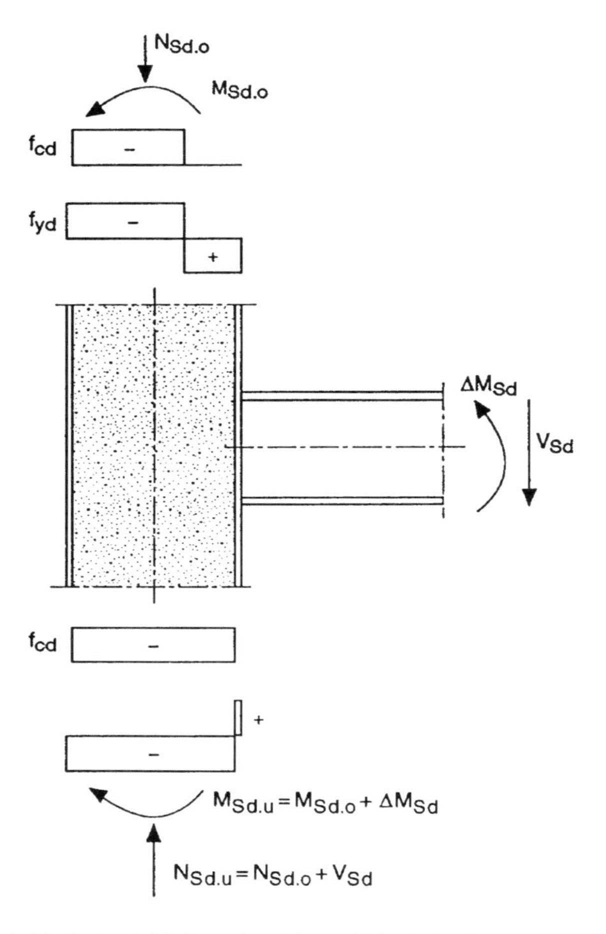

Bild 22 – Differenzkräfte im Lasteinleitungsbereich – vollplastische Spannungsverteilungen

$$N_{c+s.Sd} = N_{Sd} - N_{a.Sd} \tag{69}$$

Die Lastkomponenten für reine Biegebeanspruchung können auf die gleiche Art und Weise bestimmt werden (Gl. 70). Der Anteil des Momentes der Querschnittstragfähigkeit kann aus der Spannungsverteilung für $M_{pl.Rd}$ ermittelt werden. Die Summe der Einzelkomponenten ergibt wieder die Gesamtschnittgröße (Gl. 71).

$$\frac{M_{a.Sd}}{M_{Sd}} = \frac{M_{a.Rd}}{M_{pl.Rd}} \quad \text{und} \quad \frac{M_{c+s.Sd}}{M_{Sd}} = \frac{M_{c.Rd} + M_{s.Rd}}{M_{pl.Rd}} \tag{70}$$

$$M_{pl.Rd} = M_{a.Rd} + M_{c.Rd} + M_{s.Rd} \tag{71}$$

Im allgemeinen wirken jedoch an einer Verbundstütze Normalkraft N_{Sd} und Biegemoment M_{Sd} gleichzeitig, so daß die Interaktion zwischen $N_{pl.Rd}$ und $M_{pl.Rd}$ zugrunde gelegt werden muß. Die Komponenten können aus jeder beliebigen Kombination von N_{Rd} und M_{Rd} berechnet werden. Für den Fall der Lasteinleitung zunächst in das Stahlprofil und von dort in den Stahlbetonteil (die gebräuchlichste Form der Lasteinleitung) können zur Vereinfachung auch die maximal möglichen Beanspruchungen zur Bemessung der Verbundfuge herangezogen werden, was auf der sicheren Seite liegt. Die maximalen Differenzkräfte der Normalkraft ergeben sich beim Interaktionspunkt – $N_{pl.Rd}$ – (Gln. 68, 69), während die maximale Differenz in den Biegemomenten beim Punkt der maximalen Querschnittstragfähigkeit für Momente – $M_{max.Rd}$ – (Bild 23, Gl. 72) auftritt. Die entsprechenden Tragfähigkeiten sind, wie in den Abschnitten 3.5 und 3.6 gezeigt, einfach zu berechnen.

$$\frac{M_{a.Sd}}{M_{Sd}} = \frac{M_{a.Rd}}{M_{pl.Rd}} = \frac{W_{pa}\, f_{yd}}{W_{pa}\, f_{yd} + \frac{1}{2}\, W_{pc}\, f_{cd} + W_{ps}\, f_{sd}} \qquad (72)$$

$$M_{c+s.Sd} = M_{Sd} - M_{a.Sd} \qquad (73)$$

Diese Berechnung der Verteilungskomponenten der Belastung sollte nur der Bemessung von Verbundmitteln zugrunde gelegt werden, wenn die Verwendung duktiler Verbundmittel vorgesehen ist. Solche duktilen Verbundmittel sind z. B. Kopfbolzendübel.

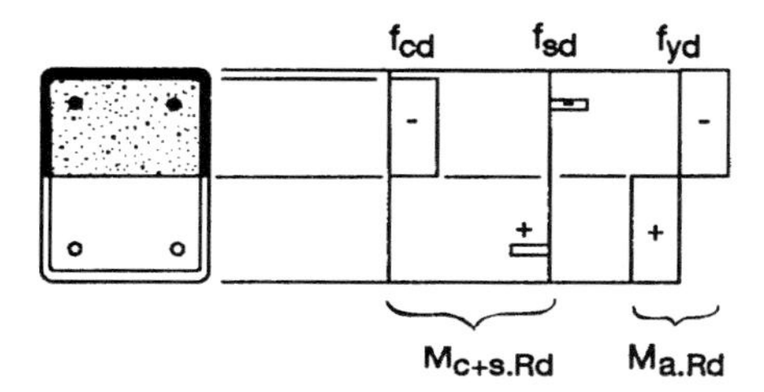

Bild 23 – Beispiel für die plastischen Anteile der Schnittgrößen

4.3 Lasteinleitungsbereiche

Bei Einleitung konzentrierter Belastung in eine Verbundstütze ist sicherzustellen, daß die Querschnittseinzelteile entsprechend ihrer Tragfähigkeit innerhalb des Lasteinleitungsbereiches belastet werden. Die Lasteinleitungslänge ist nach Gleichung 74 festgelegt.

$$l_e \leq 2d \qquad (74)$$

wobei d die kleinere der beiden Querschnittsabmessungen ist.

Für geschoßhohe Verbundstützen werden die Lasten im allgemeinen über Kopfplatten eingeleitet, die beim Betonieren als Abschluß des Querschnittes dienen. Die Lasten werden über Kontakt in das Stahlprofil und den Betonteil des Querschnittes eingeleitet.

Es besteht die Gefahr, daß unterhalb der Kopfplatte im Beton eine Setzungsmulde entsteht. Der Profilstahlquerschnitt könnte bei einer sehr steifen Kopfplatte überlastet werden. Der Profilstahl wird sich ggf. dann plastisch verformen, bis der Betonteil seinen entsprechenden Lastanteil hat.

Falls die Belastungsfläche am Kopf der Stütze kleiner als der Stützenquerschnitt ist, kann eine Lastausbreitung im Stahl und Beton entsprechend Bild 24 zugrunde gelegt werden.

Falls die Abmessungen des Hohlprofiles es erlauben, können bei durchlaufenden Stützen Verbundmittel innerhalb des Hohlprofiles angeordnet werden. Im allgemeinen können jedoch Verbindungen nur an die Außenwandungen des Stahlprofiles angeschlossen werden. Die Lasteinleitung nur über die Wandung des Querschnittes ohne Verbindung zum Betonkern kann sicherlich nur für kleinere Lasten funktionieren. Die Einleitung größerer Belastungen läßt sich mit einer einfachen und sehr wirksamen Verbindung realisieren (Bild 25). Durch die Stahlwandungen wird ein Knotenblech gesteckt, das die Last auch in den Betonkern einleitet.

Die Spannungen unterhalb der Schneide des Knotenbleches können wegen der Umschnürungswirkung des Stahlprofiles sehr hohe Werte erreichen. Versuche haben gezeigt, daß diese Lasteinleitung sowohl für zentrische als auch für exzentrische Belastung geeignet ist. Bild 26 sowie die Gleichungen 75 und 76 zeigen einen Bemessungsvorschlag, der aufgrund der Testergebnisse entwickelt wurde.

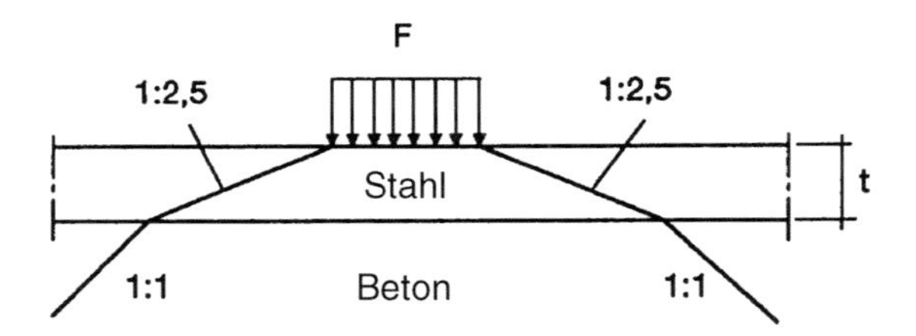

Bild 24 – Spannungsverteilung im Stahl und Beton

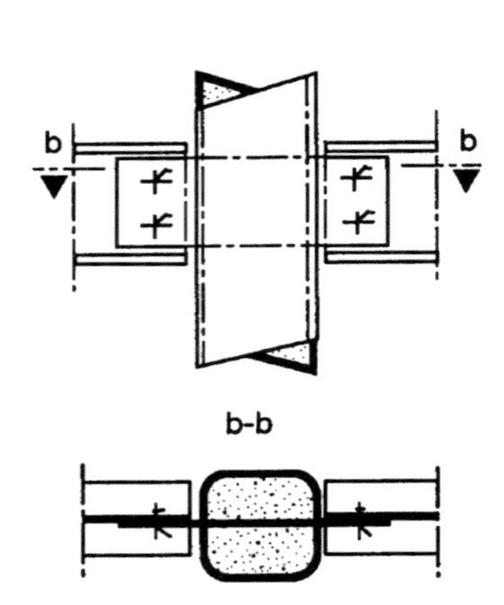

Bild 25 – Lasteinleitung in betongefüllte Hohlprofile mittels durchgesteckter Knotenbleche

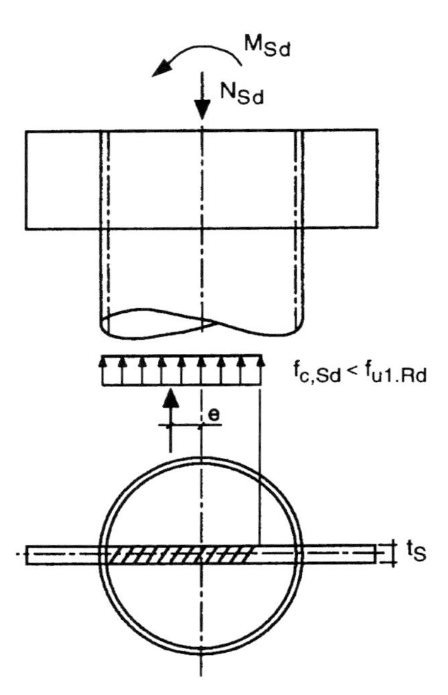

Bild 26 – Bemessungsvorschlag für Verbindungen mit durchgesteckten Knotenblechen

$$f_{u1.Rd} = (f_{ck} + 35{,}0)\ \frac{1}{\gamma_c} \sqrt{\frac{A_c}{A_1}} \tag{75}$$

wobei A_c die Fläche des gesamten Betonkernes der Stütze
A_1 die Fläche unterhalb der Schneide,
f_{ck} die charakteristische Betonfestigkeit in N/mm² und
γ_c der Materialsicherheitsbeiwert für Beton ($\gamma_c = 1{,}5$) sind.

$$f_{u1.Rd} \le \frac{N_{pl.c.Rd}}{A_1} \quad \text{und} \quad \frac{A_c}{A_1} \le 20 \tag{76}$$

5 Sonderprobleme

5.1 Einfach-symmetrische Querschnitte

Betongefüllte Querschnitte könnten einfach-symmetrisch ausgebildet werden, um z. B. Versorgungskanäle in den Stützenquerschnitt zu integrieren (Bild 27a). Die vereinfachte Berechnungsmethode für Verbundstützen mit Hohlprofilquerschnitten kann mit einigen Modifikationen auch auf einfach-symmetrische Querschnitte angewendet werden. Eine entsprechende Bemessungsmethode wird in einem Anhang zum Eurocode 4 gegeben. Die jedoch einfachere und auch wirtschaftlichere Methode ist, den Querschnitt gedanklich symmetrisch zu schneiden. Für das Beispiel in Bild 27a sollte daher eine zweite Öffnung angenommen werden (Bild 27b) und der Querschnitt als symmetrischer Querschnitt behandelt werden.

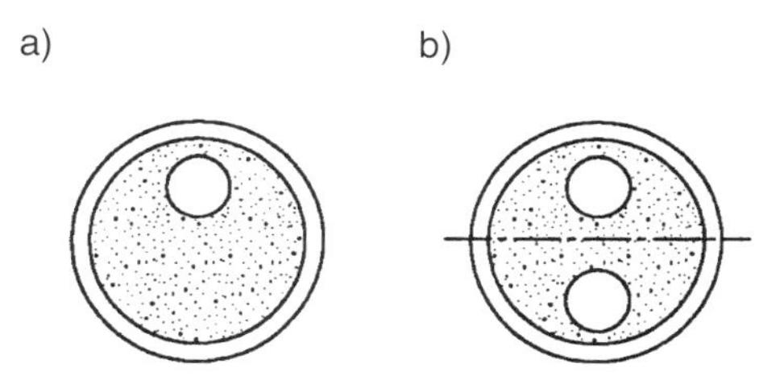

Bild 27 – Beispiel für einen einfach-symmetrischen Verbundstützenquerschnitt

5.2 Vorbelastete Stahlstützen

Es kann sehr wirtschaftlich sein, ein Gebäude zunächst als reine Stahlkonstruktion zu errichten und den Beton später einzufüllen. Die Stützen haben dann ein geringeres Transportgewicht als die Verbundstützen und der Rohbau kann sehr schnell fertiggestellt werden. Die Stahlstützen sind für den Bauzustand bemessen. Versuche an Stützen, die bei 70% Vorbelastung der Stahlstützen nachträglich zu Verbundstützen gemacht wurden, haben gezeigt, daß die Vorbelastung des Stahlprofiles die Grenztragfähigkeit der Verbundstütze sehr wohl beeinflußt.
Die Verformungen der Stahlstütze unter Last wird durch den erhärteten Beton eingefroren. Dieses kann als Bemessungsansatz für solche nachträglich betonierte Stützen genommen werden. Die Verformungen der Stahlstütze sollten bei der Berechnung der Biegemomente der Verbundstütze mit in Rechnung gestellt werden.

5.3 Teilweise gefüllte Stützen

Unter teilweiser Füllung soll der Zustand verstanden werden, bei der die Stütze nicht über ihre gesamte Länge mit Beton gefüllt ist. Solche Stützen könnten ausgeführt werden, um z. B. im Lasteinleitungsbereich an des Stahlprofil allein einfach anschließen zu können. Sie können mit Hilfe der entsprechenden Knicklänge bemessen werden, die sich aus der Steifigkeitsverteilung (ohne oder mit Füllung) über die Stützenlänge ergibt. Versuche an solchen Stützen haben gezeigt, daß der Einfluß auf die Tragfähigkeit vernachlässigbar ist, wenn der reine Stahlbereich nicht größer als 20% der Stützenlange ist. Eine andere Art der Anwendung ist, die Knotenbereiche von Fachwerken aus Hohlprofilen mit Beton zu verfüllen. Ein CIDECT-Forschungsprogramm hat sich mit dieser Frage beschäftigt [15].

Beispiel für das Verhalten von Gebäuden mit Stahlbetonstützen beim Süd-Hyogo-Erdbeben vom 17. Januar 1995 in Japan. Die drei unteren Geschosse des Gebäudes versagten vollständig.

Typisches Versagensverhalten von Gebäuden mit Stahlbetonstützen beim Süd-Hyogo-Erdbeben in Japan. Ein mittleres Geschoß ist vollständig zerstört.

5.4 Besondere Betongüten

Es sind nur wenig Untersuchungen an Stützen mit Füllungen aus speziellem Beton bekannt. In einigen Versuchskörpern war Stahlfaserbeton verwendet worden. Dieses hat nur geringe Vorteile, da die Druckfestigkeit dieses Betons in der gleichen Größenordnung wie Normalbeton liegt. Die höhere Zugfestigkeit des Stahlfaserbetons wird für betongefüllte Querschnitte unter normalen Bemessungssituationen im allgemeinen nicht aktiviert. Bei Versuchen unter Brandbeanspruchung hat sich ein günstiges Tragverhalten solcher Stützen mit Stahlfaserbeton gezeigt.

Der Einsatz von hochfestem Beton im Hohlprofilquerschnitt wird zur Zeit untersucht. Die generellen Untersuchungen an hochfestem Beton haben gezeigt, daß gegenüber Normalbeton die Zugfestigkeit des Betons nicht in demselben Maße zunimmt wie die Druckfestigkeit. Für betongefüllte Querschnitte ist die Zugfestigkeit von untergeordneter Bedeutung, da der Beton nicht abplatzen kann. So können mit betongefüllten Querschnitten alle positiven Eigenschaften des hochfesten Betons ausgenutzt werden. Zur Zeit existieren noch keine Bemessungsvorschläge. In [10] werden die Versuchsergebnisse an 23 stub-column-tests sowie an 23 schlanken Stützen beschrieben. Die Versuchskörper hatten alle betongefüllte Rechteckquerschnitte. Die Auswertung dieser Versuche mit der hier beschriebenen Methode des Eurocode 4 hat bestätigt, daß die EC4-Methode für die Bemessung von mit hochfestem Beton gefüllten Hohlprofilverbundstützen auf der sicheren Seite liegt. Ähnliche Ergebnisse wurden in einem CIDECT-Forschungsprogramm [11] erzielt, in dem die Umschnürungswirkung bei betongefüllten runden Hohlprofilen auch für hochfesten Beton bestätigt werden konnte. Zusätzlich konnte gezeigt werden, daß der Bemessungsvorschlag für die Lasteinleitung nach Gleichung 75 auch bei Verwendung von hochfestem Beton funktioniert.

6 Bemessung für Erdbebenbeanspruchung

Schwere Erdbeben kommen selten vor. Falls Sie auftreten, werden die Streckgrenzen in einem typischen Tragwerk sehr schnell erreicht, und es bildet sich ein plastischer Verformungsmechnismus aus (z. B. vollplastische Gelenke). Bei der theoretischen Bemessung für Erdbebensituationen steht die Beantwortung zweier Fragen im Vordergrund:

1. *Kann das Tragwerk dem Erdbeben widerstehen oder versagt es, weil die vorhandene Duktilität den Anforderungen an die Duktilität nicht genügt?*

2. *Ist die maximale Verformung während des Erbebens ausreichend klein, so daß eine akzeptable Schadensbegrenzung erwartet werden kann?*

Die Berücksichtigung dieser beiden Aspekte, die als *Tragfähigkeit und Duktilität (strength and ductility)* bzw. als *Verschiebungsbegrenzung (limitation of deformation)* bezeichnet werden sollen, sind von grundlegender Bedeutung bei der Durchführung jedweder Bemessung für Erdbebenbeanspruchung.

Die Hauptursache für starke Schäden an einem Bauwerk liegen im wesentlichen begründet in der Wahl ungeeigneter Tragsysteme und in der Verwendung ungeeigneter und qualtativ schlechter Materialien. Weiterhin spielt die sorgfältige konstruktive Durchbildung von kritischen Knotenpunkten eine große Rolle. Um dem Aspekt *Tragfähigkeit und Duktilität* gerecht zu werden, sollte die Bemessung streng nach dem Prinzip der *„Kapazitätsbemessungsmethode (capacity design method)"* erfolgen; diese Methode wird auch im Eurocode 8 [16] erwähnt. Damit wird die grundlegende Forderung für eine optimale Energiedissipation im Gesamtsystem erfüllt, hauptsächlich durch hysteretisch dissipierte Energie bei großen und zyklischen plastischen Verformungen. Die *„capacity design method"* kann folgendermaßen knapp und präzise charakterisiert werden ([17], [18]):

„In a structure, the plastified regions are deliberately chosen, and correspondingly designed and detailed, so that they are sufficiently ductile. The other regions are given a higher structural strength (capacity) than the plastified ones, in order that they always remain elastic. In this way it is guaranteed that the chosen mechanisms, even in the case of large structural deformations, always remain functional for energy dissipation."

Dem Aspekt der *Verschiebungsbegrenzung* trägt man durch das Bereitstellen einer ausreichenden Tragfähigkeit, insbesondere aber einer hohen Tragwerkssteifigkeit Rechnung.

Für jede Art von Rahmentragwerk sollte die Ausbildung von plastischen Gelenken in den Stützen soweit wie möglich verhindert werden. Andere Mechanismen, wie z. B. plastische Gelenke in den Trägern oder plastische Schubfeldmechnismen in ausgesteiften Rahmen, sollten den Hauptanteil der Energiedissipation des Tragwerkes übernehmen. Die Bedeutung des *„weak-beam-strong-column-concept"* soll für das Beispiel eines mehrstöckigen biegesteifen Rahmens nach Bild 28 aufgezeigt werden. Auf der einen Seite ist zu erkennen, daß viele plastische Gelenke in den schwachen (*„weak"*) Trägern zu einem gutmütigen Verhalten verbunden mit einer hervorragenden Energiedissipation führen (Bild 28a). Auf der anderen Seite (Bild 28b) sieht man, daß der gefährliche *„soft-storey-mechanism"* mit nur vier plastischen Gelenken in den (*„weak"*) Stützen nur zu einer geringen Energiedissipation und zu bedeutend höheren Duktilitätsanforderungen führt $(\theta_2 \gg \theta_1)$, wobei die Maximalverschiebung v_{max} die gleiche ist.

Selbst für dem Fall, daß die Tragwerksbemessung nach dem *„weak beam – strong column – concept"* erfolgte, zeigt Bild 28a, daß die plastischen Gelenke in den Stützen direkt über der Einspannung am Fuß des Rahmens auftreten. Außerdem können plastische Gelenke in Stützen durchaus im obersten Geschoß eines mehrgeschossigen Tragwerkes oder in eingeschossigen Gebäuden zugelassen werden. Daraus wird deutlich, daß das damit verbundene zyklische plastische Verhalten und das Energiedissipationsverhalten der Stützen untersucht werden muß.

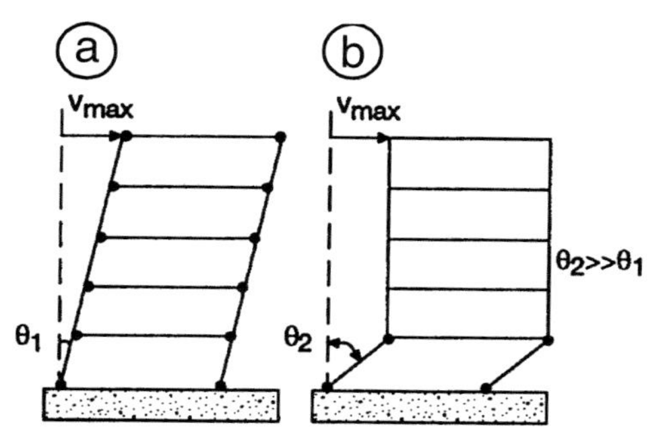

Bild 28 – Vergleich von günstigem und ungünstigem Gelenkmechanismus [17]

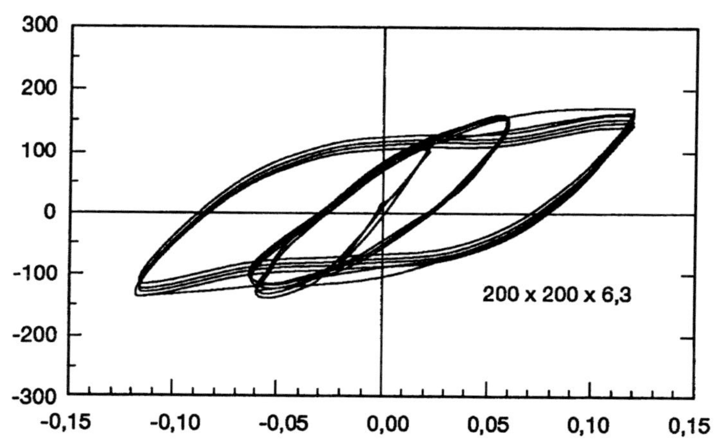

Bild 29 – Zyklische Momenten-Rotations-Beziehungen für ⌑ 200x200x6,3

Zahlreiche Versuche zum Verhalten von Verbundstützen mit betongefüllten Hohlprofilquerschnitten sowohl unter monoton gesteigerter als auch unter zyklischer Belastung wurden durchgeführt. Sie zeigen, daß besonders dieses Tragelement eine ausgezeichnete Duktilität und ein besonders gutes Energiedissipationsverhalten aufweist. Bild 29 zeigt ein Beispiel (betongefülltes quadratisches Hohlprofil).
Verbundstützen mit betongefüllten Hohlprofilquerschnitten werden niemals das schwächste Glied in einem Tragwerk unter schwerer Edbebenbeanspruchung sein, falls zusätzlich zu den Regeln des „*weak beam – strong column – concept*“ einige weitere einfache Bemessungskriterien und Konstruktionsregeln eingehalten werden. Solche Bemessungskriterien können in Abhängigkeit vom Tragsystem in Eurocode 8 gefunden werden.
Stahl-Beton-Verbundtragwerke sind bei sorgfältiger Bemessung und Konstruktion ganz besonders zur Aufnahme hoher Erdbebenbeanspruchung geeignet. Eine technisch ausgereifte und außerdem sehr wirtschaftliche Konstruktion kann entworfen werden, die sich durch hohe Duktilität und ausgezeichnete Energiedissipation auszeichnet. Verbundstützen mit betongefüllten Hohlprofilquerschnitten sind dafür in ganz besonderem Maße geeignet.

Bürogebäude einer Bankniederlassung im Zentrum von Kobe nach dem Süd-Hyogo-Erdbeben vom 17. Januar 1995 in Japan. Als Außenstützen wurden betongefüllte runde Stahlhohlprofile verwendet. Obwohl das Gebäude sehr nahe beim Erdbebenzentrum stand, waren keinerlei Schäden festzustellen. Diese Beispiele und noch weitere vier Gebäude mit diesem Stützentyp verdeutlichen das hervorragende Tragverhalten von betongefüllten Stahlhohlprofilstützen bei Erdbebenbeanspruchung.

Ansicht der Straße mit dem auf Seite 54 gezeigten Bürogebäude nach dem Erdbeben.

7 Literatur

[1] CIDECT Monograph No. 1: Concrete filled hollow section steel columns design manual, British edition, Imperial units, CIDECT, 1970 .

[2] CIDECT Monograph No. 5 – Calcul des Poteaux en Profiles Creux remplis de Béton, Fascicule 1 – Méthode de Calcul et Technologie de mise en œuvre, Fascicule 2 – Abaque de calcul, CIDECT, 1979.

[3] Twilt, L., Hass, R., Klingsch, W., Edwards, M., Dutta, D.: Bemessung von Hohlprofilstützen unter Brandbeanspruchung, CIDECT-Serie „Konstruieren mit Stahlhohlprofilen", ISBN 3-8249-0177-3, Verlag TÜV Rheinland, Köln,1994.

[4] Eurocode No. 4: Design of Composite Steel and Concrete Structures, Part 1.1: General Rules and Rules for Buildings, ENV 1994-1-1: 1992.

[5] Rondal, J., Würker, K.-G., Dutta, D., Wardenier, J., Yeomans, N.: Knick- und Beulverhalten von Hohlprofilen (rund und rechteckig), CIDECT-Serie „Konstruieren mit Stahlhohlprofilen", ISBN 3-8249-0067-X, Verlag TÜV Rheinland, Köln,1992.

[6] Roik, K. und Bergmann, R.: Composite Columns, Constructional Steel Design: An International Guide, Chapter 4.2, Elsevier Science Publishers Ltd, UK, 1990.

[7] AIJ Standards for Structural Calculation of Steel Reinforced Concrete Structures, Architectural Institute of Japan, 1987.

[8] Canadian Standards Association, CAN/CSA-S16.1-94, Limit States Design of Steel Structures, Toronto, 1994.

[9] Bridge, R.Q., Pham, L., Rotter, J.M.: Composite Steel and Concrete Columns – Design and Reliability, 10th Australian Conference on the Mechanics of Structures and Materials, University of Adelaide, 1986.

[10] Grauers, M.: Composite Columns of Hollow Sections Filled with High Strength Concrete, Chalmers University of Technology, Göteborg, 1993.

[11] Bergmann, R.: Load introduction in Composite Columns Filled with High Strength Concrete, Proceedings of the 6th International Symposium on Tubular Structures, Monash University, Melbourne, Australia, 1994.

[12] Australian Standard AS4100-1990, Steel Structures, 1990.

[13] Eurocode No. 3: Design of Steel Structures, Part 1.1: General Rules and Rules for Buildings, ENV 1993-1-1: 1992.

[14] Eurocode No. 2: Design of Concrete Structures, Part 1: General Rules and Rules for Buildings, Final Draft 1990.

[15] Packer, J. A.: Concrete-Filled HSS Connections, Journal of Structural Egineering, Vol. 121, No. 3, March 1995.

[16] Eurocode No. 8: Structures in Seismic Regions, Design, Part 1 – General and Building, 1988.

[17] Bachmann, H.: Earthquake Actions on Structures, Bericht Nr.195, Institut für Baustatik und Konstruktion, ETH Zürich, 1993.

[18] Paulay, T., Bachmann, H., Moser, K.: Erdbebenbemessung von Stahlbetonhochbauten, Birkhäuser Verlag, Basel/Boston/Berlin, 1992.

8 Bemessungsbeispiele

8.1 Betongefüllte runde Stahlhohlprofilstütze mit Längsbewehrung

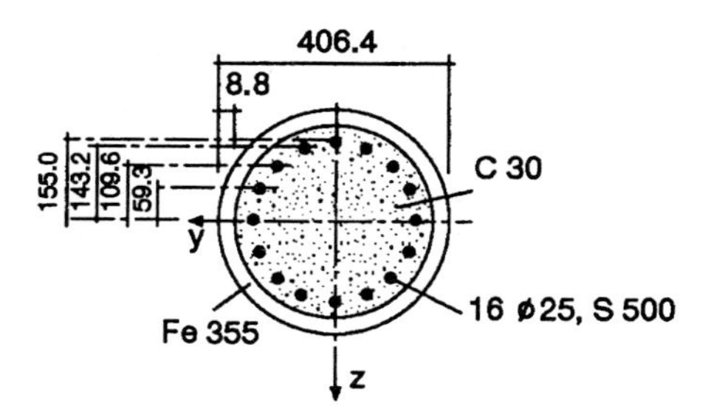

- Annahmen für die Berechnung:

$\bar{\lambda}$ = 0,15
N_{Sd} = 6000 kN
$M_{max.Sd}$ = 60 kNm

- Festigkeiten:

f_{yd} = 275,0/1,1 = 250,0/Nmm^2 = 25,0 kN/cm^2
f_{sd} = 500,0/1,15 = 434,8/Nmm^2 = 43,5 kN/cm^2
f_{cd} = 30,0/1,5 = 20,0/Nmm^2 = 2,00 kN/cm^2

- Querschnittsflächen:

A_a = 110,0 cm^2
A_s = 78,5 cm^2
A_c = $\pi \cdot 40{,}64^2/4 - 110{,}0 - 78{,}5 = 1108{,}7$ cm^2

- Bewehrungsanteil (für Brandbemessung):

$\rho = 78{,}5 / (\pi \cdot 40{,}64^2/4 - 110{,}0) = 6{,}6\% > 4\%$
der Bewehrungsanteil ρ ist rechnerisch auf 4% zu begrenzen. Dies kann erfolgen, indem:
– rechnerisch für die Bewehrungsdurchmesser reduzierte Werte angesezt werden

$$d_{red} = \sqrt{\frac{(\pi \cdot 40{,}64^2/4 - 110{,}0) \cdot 0{,}04 \cdot 4}{16\,\pi}} = 1{,}94 \text{ cm} = 19{,}4 \text{ mm}$$

– nur diejenigen Bewehrungsstäbe berücksichtigt werden, die günstig innerhalb des Querschnittes liegen.

Hier wird nach dem zweiten Vorschlag verfahren. Die äußere und die nächsten zwei Bewehrungslagen werden in Rechnung gestellt:

A_s = $10 \cdot 4{,}91 = 49{,}1$ cm^2
A_c = $\pi \cdot 40{,}64^2/4 - 110{,}0 - 49{,}1 = 1138{,}1$ cm^2
ρ = $49{,}1/(\pi \cdot 40{,}64^2/4 - 110{,}.0) = 4{,}1\% \approx 4\%$
$N_{pl.Rd}$ = $110{,}0 \cdot 25{,}0 + 49{,}1 \cdot 43{,}5 + 1138{,}1 \cdot 2{,}0 = 7162$ kN (Gl. 8)
$0{,}2 < \delta = 110{,}0 \cdot 25{,}0/7162{,}1 = 0{,}38 < 0{,}9$ (Gl. 10)

o Nachweis gegen lokales Beulen:

$$\frac{d}{t} = \frac{406,4}{8,8} = 46,2 < 60 \qquad \text{(Tabelle 4)}$$

o Umschnürungswirkung:

$$\eta_{10} = 4,9 - 18,5 \cdot 0,15 + 17 \cdot 0,15^2 = 2,508 \qquad \text{(Gl. 14)}$$
$$\eta_{20} = 0,25 \cdot (3 + 2 \cdot 0,15) = 0,825 \qquad \text{(Gl. 15)}$$

$$\frac{e}{d} = \frac{M_{max.Sd}}{N_{sd}\ d} = \frac{60 \cdot 100}{6000 \cdot 40,64} = 0,025 \qquad \text{(Gl. 16)}$$

$$\eta_1 = 2,508 \cdot (1 - 10 \cdot 0,025) = 1,881 \qquad \text{(Gl. 12)}$$
$$\eta_2 = 0,825 + (1 - 0,825) \cdot 10 \cdot 0,025 = 0,869 \qquad \text{(Gl. 13)}$$

$$N_{pl.Rd} = 110,0 \cdot 25,0 \cdot 0,869 + 1138,1 \cdot 2,0 \left(1 + 1,881 \frac{8,8}{406,4}\ \frac{27,5}{3,0}\right)$$
$$+ 49,1 \cdot 43,5 = 7651,6 \text{ kN} \qquad \text{(Gl. 11)}$$

Zuwachs an Tragfähigkeit durch Umschnürungswirkung: 7651,6/716,1 = 1,07 = 7%

8.2 Betongefüllte Rechteckhohlprofilstütze mit exzentrischer Belastung

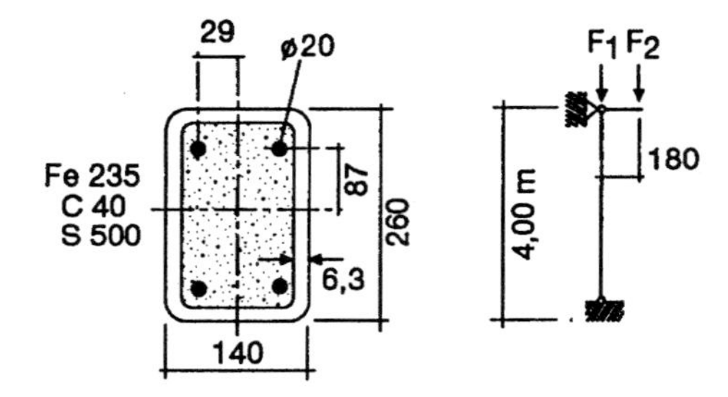

o Annahmen für die Berechnung:

F_1 = 1000 kN
F_2 = 300 kN
M_{Sd} = 0,18 · 300 = 54 kNm
ständige Last = 70% der Gesamtlast

o Festigkeiten:

f_{yd} = 235,0/1,1 = 213,6/Nmm² = 21,4 kN/cm²
f_{sd} = 500,0/1,15 = 434,8/Nmm² = 43,5 kN/cm²
f_{cd} = 40,0/1,5 = 26,7/Nmm² = 2,67 kN/cm²

o Querschnittsflächen:

A_a = 47,8 cm²
A_s = 12,6 cm²
A_c = (26,0 – 2 · 0,63) (14,0 – 2 · 0,63) – 12,6 = 302,6 cm² (Eckausrundungen vernachlässigt)

o vollplastische Normalkraft:

$$N_{pl.Rd} = 47,8 \cdot 21,4 + 302,6 \cdot 2,67 + 12,6 \cdot 43,5 = 2379,0 \text{ kN} \qquad \text{(Gl. 8)}$$

$0{,}2 < \delta = 47{,}8 \cdot 21{,}4/2379{,}0 = 0{,}43 < 0{,}9$ (Gl. 10)

- Bewehrungsanteil:

$$\rho = \frac{12{,}6}{(26{,}0 - 2 \cdot 0{,}63)\,(14{,}0 - 2 \cdot 0{,}63)} = 0{,}04 = 4{,}0\%$$

- Trägheitsmomente für Biegung um die y-Achse:

$I_a = 4260 \text{ cm}^4$

$I_s = 12{,}6 \cdot 8{,}7^2 = 954 \text{ cm}^4$

$$I_c = \frac{12{,}74 \cdot 24{,}74^3}{12} - 954 = 15122 \text{ cm}^4$$ (ohne Rundungen)

- Trägheitsmomente für Biegung um die z-Achse:

$I_a = 1630 \text{ cm}^4$

$I_s = 12{,}6 \cdot 2{,}9^2 = 106 \text{ cm}^4$

$$I_c = \frac{24{,}74 \cdot 12{,}74^3}{12} - 106 = 4157 \text{ cm}^4$$ (ohne Rundungen)

- Nachweis gegen lokales Beulen:

$$\frac{h}{t} = \frac{260}{6{,}3} = 41{,}3 < 52$$ (Tabelle 4)

■ Nachweis für die schwache Achse (zentrischer Druck):

- wirksame Steifigkeit:

$$(EI)_e = 21000\,(1630 + 106) + 0{,}8\,\frac{3500}{1{,}35}\,4157 = 45{,}1 \cdot 10^6 \text{ kN/cm}^2$$ (Gl. 22)

- Knicklast:

$$N_{cr} = \frac{45{,}1 \cdot 10^6 \cdot \pi^2}{400^2} = 2782 \text{ kN}$$ (Gl. 21)

- bezogene Schlankheit:

$$\bar{\lambda} = \sqrt{\frac{47{,}8 \cdot 23{,}5 + 302{,}6 \cdot 4{,}0 + 12{,}6 \cdot 50{,}0}{2782{,}0}} = 1{,}032$$ (Gl. 20)

- Knickspannungskurve a:

$\chi = 0{,}644$ (Tabelle 7)

- Kontrolle für Kriechen und Schwinden:

$$\bar{\lambda}_{lim} = \frac{0{,}8}{1 - 0{,}43} = 1{,}4 > 1{,}032$$ $\Rightarrow$ kein Einfluß auf die Tragfähigkeit (Gl. 25)

- Nachweis der Tragfähigkeit

$N_{Sd} = 1300 \text{ kN} < 0{,}644 \cdot 2379{,}0 = 1532{,}1 \text{ kN}$

■ Nachweis der starken Biegeachse (Druck und Biegung):

□ Bestimmung von χ

○ wirksame Steifigkeit:

$$(EI)_e = 21000\ (4260 + 954) + 0{,}8\ \frac{3500}{1{,}35} 15122 = 140{,}9 \cdot 10^6 \text{ kN cm}^2 \qquad \text{(Gl. 22)}$$

○ Knicklast:

$$N_{cr} = \frac{140{,}9 \cdot 10^6 \cdot \pi^6}{400^2} = 8691{,}4 \text{ kN} \qquad \text{(Gl. 21)}$$

○ bezogene Schlankheit:

$$\bar{\lambda} = \sqrt{\frac{47{,}8 \cdot 23{,}5 + 302{,}6 \cdot 4{,}0 + 12{,}6 \cdot 50{,}0}{8691{,}4}} = 0{,}584 < \bar{\lambda}_{lim} \qquad \text{(Gl. 20)}$$

○ Knickspannungskurve a:

$$\chi = 0{,}896 \qquad \text{(Tabelle 7)}$$

□ Querschnittsinteraktionskurve:

○ plastische Widerstandsmomente (ohne Rundungen)

$$W_{ps} = 12{,}6 \cdot 8{,}7 = 109{,}6 \text{ cm}^3 \qquad \text{(Gl. 36)}$$

$$W_{pc} = \frac{12{,}74 \cdot 24{,}74^2}{4} - 109{,}6 = 1839{,}8 \text{ cm}^3 \qquad \text{(Gl. 32)}$$

$$W_{pa} = \frac{14{,}0 \cdot 26{,}0^2}{4} - 1839{,}8 - 109{,}6 = 416{,}6 \text{ cm}^3 \qquad \text{(Gl. 33)}$$

○ Interaktionskurvenpunkt D:

$$M_{D.Rd} = 416{,}6 \cdot 21{,}4 + \frac{1}{2}\ 1839{,}8 \cdot 2{,}67 + 109{,}6 \cdot 43{,}5 = 16138{,}9 \text{ kNcm} \qquad \text{(Gl. 30)}$$

$$N_{D.Rd} = \frac{1}{2}\ 302{,}6 \cdot 2{,}67 = 404{,}0 \text{ kN} \qquad \text{(Gl. 31)}$$

○ Interaktionskurvenpunkte C und B:

$$N_{C.Rd} = 2\ N_{D.Rd} = N_{pl.c.Rd} = 808{,}0 \text{ kN}$$

es wird zunächst angenommen, daß keine Bewehrung im Bereich von 2 h_n liegt ($A_{sn} = 0{,}0$)

$$h_n = \frac{808{,}0}{2 \cdot 14{,}0 \cdot 2{,}67 + 4 \cdot 0{,}63\ (2 \cdot 21{,}4 - 2{,}67)} = 4{,}59 \text{ cm} \qquad \text{(Gl. 37)}$$

die Annahme für A_{sn} ist bestätigt

○ plastische Widerstandsmomente der Querchnittsteile im Bereich von 2 h_n = 9,18 cm:

$$W_{psn} = 0{,}0$$

$$W_{pcn} = (14{,}0 - 2 \cdot 0{,}63) \cdot 4{,}59^2 = 268{,}4 \text{ cm}^3 \qquad \text{(Gl. 40)}$$

$$W_{pan} = 2 \cdot 0{,}63 \cdot 4{,}59^2 = 26{,}5 \text{ cm}^3 \qquad \text{(Gl. 41)}$$

$$M_{n.Rd} = 26{,}5 \cdot 21{,}4 + \frac{1}{2}\ 268{,}4 \cdot 2{,}67 = 925{,}4 \text{ kNcm} \qquad \text{(Gl. 39)}$$

$$M_{pl.Rd} = M_{B.Rd} = 16138{,}9 - 925{,}4 = 15213{,}5 \text{ kNcm} \quad \text{(Gl. 38)}$$

- Interaktionskurvenpunkt E:

In Abschnitt 3.6 wird vorgeschlagen, genau zwischen den Punkten C und A einen weiteren Punkt für die polygonale Internationskurve zu bestimmen. Dieses würde einen Wert h_E ergeben, der die Bewehrungsstränge schneiden würde, so daß die zugehörigen Bestimmungsgleichungen für die Schnittgrößen ziemlich kompliziert aufzustellen wären. Es ist daher einfacher, die Spannungsnullinie willkürlich festzulegen. Hier wird sie an die untere Berandung der Bewehrung gelegt:

$$h_E = 8{,}7 + \frac{2{,}0}{2} = 9{,}7 \text{ cm}$$

$$\Delta h_E = h_E - h_n = 9{,}7 - 4{,}59 = 5{,}11 \text{ cm}$$

zusätzliche Normalkraft $\Delta N_{E.Rd}$ aus der überdrückten Fläche mit der Höhe Δh_E:

$$\Delta N_{E.Rd} = b\Delta h_E f_{cd} + 2t\Delta h_E \; (2f_{yd} - f_{cd}) + \Delta A_s (2f_{sd} - f_{cd})$$

$$\Delta N_{E.Rd} = 14{,}0 \cdot 5{,}11 \cdot 2{,}67 + 1{,}26 \cdot 5{,}11 \; (2 \cdot 21{,}4 - 2{,}67) + 6{,}28 \; (2 \cdot 43{,}5 - 2{,}67) = 979{,}0 \text{ kN}$$

$$N_{E.Rd} = \Delta N_{E.Rd} + N_C = 979{,}0 + 807{,}9 = 1786{,}9 \text{ kN}$$

plastische Widerstandsmomente der Querschnittsteile im Bereich von 2 h_E

$$W_{psE} = W_{ps} = 109{,}6 \text{ cm}^3$$

$$W_{pcE} = (b - 2t) \; h_E^2 - W_{psE} = 12{,}74 \cdot 9{,}7^2 - 109{,}6 = 1089{,}1 \text{ cm}^3 \quad \text{(Gl. 40)}$$

$$W_{paE} = 2th_E^2 = 1{,}26 \cdot 9{,}7^2 = 118{,}6 \text{ cm}^3 \quad \text{(Gl. 41)}$$

$$\Delta M_{E.Rd} = W_{paE} \; f_{yd} + \frac{1}{2} \; W_{pcE} \; f_{cd} + W_{psE} \; f_{sd} \quad \text{(Gl. 39)}$$

$$\Delta M_{E.Rd} = 118{,}6 \cdot 21{,}4 + \frac{1}{2} \; 1089{,}1 \cdot 2{,}67 + 109{,}6 \cdot 43{,}5 = 8759{,}5 \text{ kNcm}$$

$$M_{E.Rd} = M_{D.Rd} - \Delta M_{E.Rd} = 16138{,}9 - 8759{,}5 = 7379{,}4 \text{ kNcm} \quad \text{(Gl. 38)}$$

- dimensionale Querschnittsinteraktionskurve:

$$\frac{N_{A.Rd}}{N_{pl.Rd}} = 1{,}0; \qquad \frac{N_{B.Rd}}{N_{pl.Rd}} = 0{,}0;$$

$$\frac{N_{C.Rd}}{N_{pl.Rd}} = \frac{808{,}0}{2379{,}0} = 0{,}34; \qquad \frac{N_{D.Rd}}{N_{pl.Rd}} = \frac{404{,}0}{2379{,}0} = 0{,}17;$$

$$\frac{N_{E.Rd}}{N_{pl.Rd}} = \frac{1786{,}9}{2379{,}0} = 0{,}75;$$

$$\frac{M_{A.Rd}}{M_{pl.Rd}} = 0{,}0; \qquad \frac{M_{B.Rd}}{M_{pl.Rd}} = 1{,}0;$$

$$\frac{M_{C.Rd}}{N_{pl.Rd}} = 1{,}0; \qquad \frac{M_{D.Rd}}{M_{pl.Rd}} = \frac{16138{,}9}{15213{,}5} = 1{,}06$$

$$\frac{M_{E.Rd}}{M_{pl.Rd}} = \frac{7379{,}4}{15213{,}5} = 0{,}49;$$

o Schnittgrößen nach Theorie 1. Ordnung:

$N_{Sd} = 1300$ kN; max $M_{Sd} = 54$ kNm

o Kontrolle der Theorie 2. Ordnung:

$\bar{\lambda}_{lim} = 0{,}2\ (2 - r) = 0{,}4 < \bar{\lambda} = 0{,}584$ (Gl. 56; r = 0)

$\frac{N_{Sd}}{N_{cr}} = \frac{1300{,}0}{8691{,}4} = 0{,}15 > 0{,}1$ (Gl. 57)

o k-Faktor für die Berücksichtigung der Theorie 2. Ordnung:

$k = \frac{0{,}66}{1 - \frac{1300{,}0}{8691{,}2}} = 0{,}77 < 1{,}0$ mit $r = 0 \Rightarrow \beta = 0{,}66$ (Gl. 65)

das Randmoment ist das Maximalmoment (k = 1,0)

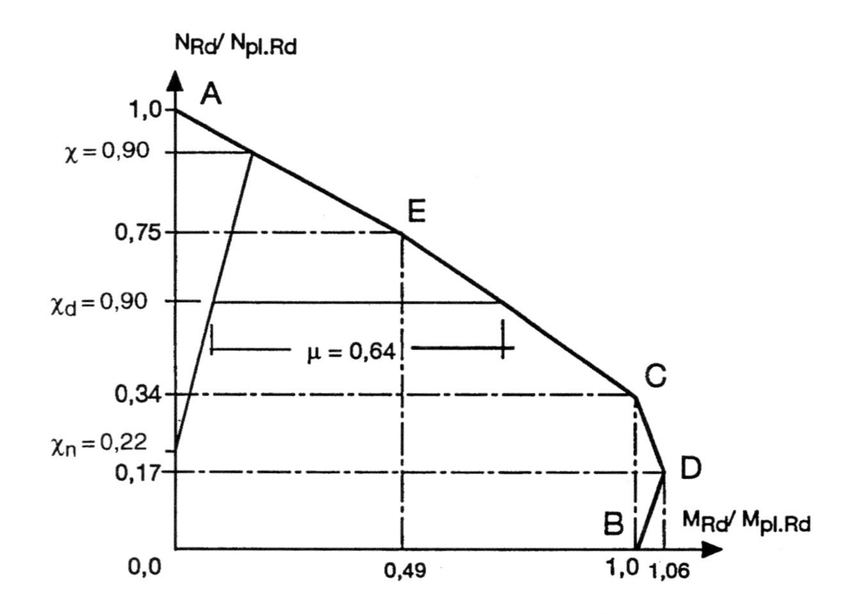

o Nachweis für Druck und einachsige Biegung:

$\chi_n = \chi \frac{1 - r}{4} = 0{,}90 \frac{1 - 0}{4} = 0{,}22$ (Gl. 51)

$\chi_d = \frac{1300{,}0}{2379{,}0} = 0{,}55$

aus der Interaktionskurve folgt:

$\mu = 0{,}64$

$M_{Sd} = 54 \text{ kNm} < M_{Rd} = 0{,}9 \cdot 0{,}64 \cdot 152{,}14 = 87{,}6 \text{ kNm}$

□ Schub (es wird angenommen, daß Schubkräfte vom Stahlprofil allein aufgenommen werden):

$$V_{Sd} = \frac{M_{Sd}}{l} = \frac{54,0}{4,0} = 13,5 \text{ kN}$$

○ schubübertragende Fläche

$$A_V = 2\ (26,0 - 0,63)\ 0,63 = 32,0 \text{ cm}^2$$

○ plastische Tragfähigkeit für Schub:

$$\dot{V}_{pl.Rd} = \frac{32,0 \cdot 21,4}{\sqrt{3}} = 395,4 \text{ kN} \qquad \text{(Gl. 47)}$$

keine Beeinflussung der Biegetragfähigkeit durch Schub

□ alternative Lösung für Druck- und Biegebeanspruchung mit Hilfe von Diagrammen und Tabellen

Die Bestimmung von χ und M_{Sd} muß wie oben durchgeführt werden, die Berechnung der Querschnittsinteraktionskurve wird durch die Anwendung von Diagrammen ersetzt:

○ Bestimmung von $M_{pl.Rd}$ mit Tabelle 10:

$$\frac{h}{b} = \frac{260}{140} = 1,86 \approx 2,0; \qquad \frac{h}{t} = 41,3$$

für Fe235 und C40 ergibt sich:

$m_{\square} = 1,1385$ für h/t = 40 und $m_{\square} = 1,1753$ für h/t = 50 $\Rightarrow m_{\square} = 1,143$ für h/t = 43

$$M_{pl.Rd} = m_{\square} \cdot \frac{26,0^2 \cdot 14,0 - 26,0 - 2 \cdot 0,63^2 14,0 - 2 \cdot 0,63}{4}\ 21,36 \qquad \text{(Gl. 27)}$$

$$M_{pl.Rd} = 1,143 \cdot 416,57 \cdot 21,36 = 10170,3 \text{ kNcm} = 101,7 \text{ kNm}$$

Beitrag der Bewehrung:

$$\Delta M_{pl.Rd} = \sum_{i=1}^{n} A_{si}\ e_i\ (f_{sd} - f_{cd})$$

$$\Delta M_{pl.Rd} = 12,6 \cdot 8,7 \cdot (43,48 - 2,67) = 4473,6 \text{ kNcm} = 44,7 \text{ kNm}$$

$$M_{pl.Rd} = 101,7 + 44,7 = 146,4 \text{ kNm}$$

○ Bestimmung von μ mit Bild 9:

mit $\chi = 0,896 \approx 0,90$; $\delta = 0,43$; $\chi_d = 0,55$; $\chi_n = 0,22$:

aus $\delta = 0,4 \Rightarrow$ $\mu_k = 0,27$ und $\mu_d = 1,08$

aus $\delta = 0,45 \Rightarrow$ $\mu_k = 0,25$ und $\mu_d = 1,00$

also für $\delta = 0,43 \Rightarrow$ $\mu_k = 0,26$ und $\mu_d = 1,03$

$$\mu = \mu_d - \mu_k \frac{\chi_d - \chi_n}{\chi - \chi_n} = 1,03 - 0,26\ \frac{0,55 - 0,22}{0,90 - 0,22} = 0,90 \qquad \text{(Gl. 50)}$$

$$M_{Sd} = 54 \text{ kNm} < M_{Rd} = 0,9 \cdot 0,90 \cdot 146,4 = 118,6 \text{ kNm} \qquad \text{(Gl. 52)}$$

9 Bezeichnungen

Kräfte und Schnittgrößen

F	Kraft
N	Normalkraft
M	Biegemoment
V	Querkraft

Indizes von Kräften und Schnittgrößen (Mehrfachindizierung durch Punkt getrennt):

a	das Stahlhohlprofil betreffend
c	den Betonteil betreffend
cr	kritisch, Knicklast
F	aufgrund von Kräften
f	aufgrund von Vorverformungen (Imperfektionen)
pl	plastisch
p	plastisch
R	am Stützenrand wirkend
Rd	Bemessungstragfähigkeit (-widerstand)
s	die Bewehrung betreffend
Sd	Bemessungslasten
y	bezüglich der y-Achse eines Querschnittes
z	bezüglich der z-Achse eines Querschnittes

Querschnittswerte

A	Fläche
b	Breite eines Querschnittes (Abmessung parallel zur Biegeachse)
h	Höhe eines Querschnittes (Abmessung senkrecht zur Biegeachse)
d	Durchmesser eines runden Hohlprofiles
t	Wandstärke des Hohlprofiles
r	Eckausrundungsradius eines rechteckigen oder quadratischen Hohlprofiles
I	Trägheitsmoment
W_p	plastisches Widerstandsmoment

Indizes bei Querschnittswerten (Mehrfachindizierung durch Punkt getrennt):

a	das Stahlhohlprofil betreffend
c	den Betonteil betreffend
s	die Bewehrung betreffend
n	einen speziellen Bereich des Querschnittes betreffend
1	die Fläche unter einem durchgesteckten Knotenblech betreffend
V	die querkraftübertragende Fläche betreffend

Festigkeiten und Steifigkeiten

E	Steifigkeitsmodul (E-Modul)
$(EI)_e$	wirksame Steifigkeit
f	Festigkeit

Indizes bei Festigkeit oder Steifigkeiten (Mehrfachindizierung durch Punkt getrennt):

a	das Stahlhohlprofil betreffend
c	den Betonteil betreffend
cub	aus Versuchen an Würfeln
cyl	aus Versuchen an Zylindern
d	unter Bemessungsbedingungen
e	wirksam

k charakteristischer Wert
s die Bewehrung betreffend

Längen und Exzentrizitäten

e Exzentrizität
l Stützenlänge
ℓ Knicklänge der Stütze

Indizes bei Längen und Exzentrizitäten (Mehrfachindizierung durch Punkt getrennt):
e wirksam

Koeffizienten und Faktoren

k Faktor für Momente zur Erfassung der Theorie 2. Ordnung
β Momentenbeiwert
γ Sicherheitsfaktor
δ Querschnittsparameter (Stahlanteil an der Querschnittstragfähigkeit)
χ Reduktionsfaktor aus der Knickspannungskurve
ρ Bewehrungsanteil
μ bezogene Momententragfähigkeit
$\underline{\eta}$ Koeffizient zur Erfassung der Umschnürungswirkung
$\bar{\lambda}$ bezogene Schlankheit
σ Spannung
τ Schubspannung
ε Koeffizient bei lokalem Beulen
Koeffizient bei Theorie 2. Ordnung
ξ bezogene Stützenlängskoordinate

Indizes bei Koeffizienten und Faktoren (Mehrfachindizierung durch Punkt getrennt):
a das Stahlhohlprofil betreffend
c den Betonteil betreffend
s die Bewehrung betreffend
y bezüglich der y-Achse eines Querschnittes
z bezüglich der z-Achse eines Querschnittes

Weitere Bezeichnungen

a Europäische Knickspannungskurve a
R Tragfähigkeit (Widerstand)
S Belastung
A,B,C,D,E Punkte der polygonalen Interaktionskurve (als Index: den entsprechenden Punkt betreffend)

Danksagung für Fotografien:

Die Autoren möchten ihren Dank den folgenden Firmen aussprechen, die die in diesem Handbuch abgedruckten Fotografien zur Verfügung gestellt haben:

British Steel PLC
Mannesmannröhren-Werke AG
Nippon Steel Metal Products & Co. Ltd.
Tubeurop
Rautaruukki Oy

Comité International pour le Développement et l'Etude de la Construction Tubulaire

Internationales Komitee für Forschung und Entwicklung von Rohrkonstruktionen

CIDECT wurde 1962 gegründet und faßt die Forschungskapazitäten aller bedeutenden Rohrhersteller zusammen, um die Anwendung von Hohlprofilen weltweit zu fördern.

Die Ziele der Arbeit von CIDECT sind:

- durch Forschungen und Studien die Kenntnis über Hohlprofile und ihre Anwendung im Stahl- und Maschinenbau zu erweitern
- Herstellung und Pflege von Kontakten und von Erfahrungsaustausch zwischen den Hohlprofil-Herstellern und deren Anwendern, d. h. Architekten, Ingenieure und Stahlbauunternehmer über die ganze Welt
- Förderung und Anwendung von Hohlprofilen, wo immer Technik und/oder Architektur dies geeignet erscheinen lassen, i. a. durch Information, Publikationen, auch der CIDECT-Forschungsergebnisse, Abhaltung von Kongressen usw.
- Zusammenarbeit mit nationalen und internationalen Organisationen, insbesondere bei Bearbeitung von Entwurfs- und Berechnungsregeln und Normen.

Technische Aktivitäten

Die technischen Aktivitäten von CIDECT betreffen folgende Gebiete:

- Knick-Verhalten von Hohlprofilen, auch betongefüllt
- Effektive Knicklänge von Fachwerkstäben
- Brandverhalten von betongefüllten Hohlprofilen
- Tragfähigkeitsverhalten von geschweißten und geschraubten Knoten
- Zeit- und Dauerfestigkeitsverhalten von Knoten-Verbindungen
- Aerodynamische Eigenschaften, Windwiderstand
- Biegetragfähigkeit
- Korrosionsverhalten und Korrosionsschutz von Hohlprofilkonstruktionen
- Werkstatt, Zusammenbau

Die Ergebnisse der CIDECT-Forschungsarbeiten sind Grundlage vieler nationaler und internationaler Regelwerke und Normen geworden.

CIDECT in Zukunft

Die zukünftige Arbeit will auf der einen Seite noch vorhandene Lücken in einigen Teilbereichen bei der Verwendung von Hohlprofilen klären. Andererseits sollen die vorhandenen Forschungsergebnisse verstärkt in praktische, einfach anwendbare Regeln umgesetzt werden.

CIDECT-Veröffentlichungen

Durch Veröffentlichungen will CIDECT die Absicht nach Bekanntmachung und Verteilung der Forschungsergebnisse verwirklichen.

Neben den (End-)Berichten über die von CIDECT durchgeführten Forschungsprogramme (zu beziehen über das CIDECT-Sekretariat) hat CIDECT eine Reihe von Monografien herausgegeben, die verschiedene Themen zu Hohlprofilkonstruktionen behandelt. Diese sind in englischer, französischer und deutscher Sprache verfügbar, wie angegeben.

Monografie Nr. 3 – Der Windwiderstand von Fachwerken aus zylindrischen Stäben und seine Berechnung (G)

Monografie Nr. 4 – Knicklängen-Ermittlung der Stäbe von Fachwerkträgern (E, F, G)

Monografie Nr. 5 – Concrete-filled Hollow Section Columns (F)

Monografie Nr. 6 – The Strength and Behaviour of Statically Loaded Welded Connections in Structural Hollow Sections (E)

Monografie Nr. 7 – Schwingfestigkeit geschweißter Hohlprofil-Verbindungen (E, G)

Ein Buch „Hohlprofile in Stahlkonstruktionen“, das von CIDECT in Deutsch, Englisch, Französisch und Spanisch bearbeitet und mit Hilfe der Europäischen Gemeinschaft 1988 veröffentlicht wurde, behandelt den Stand der Technik auf Grund der in aller Welt durchgeführten Entwicklungsarbeiten hinsichtlich des Konstruierens mit Hohlprofilen.

Exemplare der o. g. Veröffentlichungen können von den unten aufgeführten CIDECT-Mitgliedsfirmen angefordert werden, die auch Auskunft zu einzelnen technischen Fragen erteilen.

CIDECT-Organisation:

- Präsident: J. Chabanier (Frankreich)
  Vizepräsident: C. L. Bijl (Niederlande)

- Generalversammlung aller Mitglieder einmal im Jahr. Sie wählt auch das Exekutiv-Komitee, das für Verwaltung und Festlegung der Verbandspolitik zuständig ist.

- Die Technische Kommission und ihre Arbeitsgruppen sind verantwortlich für die Forschungsarbeit sowie die Förderung der Anwendung von Hohlprofilen. Sie treten mindestens einmal im Jahr zusammen.

- Sekretariat in Paris, verantwortlich für die Tagesarbeit des CIDECT-Verbandes.

Mitglieder:
(1995)

- British Steel PLC, Großbritannien
- EXMA, Frankreich
- ILVA Form, Italien
- IPSCO Inc., Kanada
- Laminaciones de Lesaca S.A., Spanien
- Laminoirs de Longtain, Belgien
- Mannesmannröhren-Werke AG, Deutschland
- Mannstädt Werke GmbH, Deutschland
- Nippon Steel Metal Products Co. Ltd., Japan
- Rautaruukki Oy, Finnland
- Sonnichsen A/S, Norwegen
- Tubemakers of Australia, Australien
- Tubeurop, Frankreich
- VOEST Alpine Krems, Österreich

CIDECT-Berichte können angefordert werden bei:

Mr. E. Bollinger
Vorsitzender der CIDECT Technischen Kommission
c/o Tubeurop France
Immeuble Pacific
TSA 20002
92070 La Défense Cedex
Tel.: (33) 1/41258181
Fax: (33) 1/41258800

Mr. D. Dutta
Marggrafstraße 13
40878 Ratingen
Deutschland
Tel.: (49) 2102/842578
Fax: (49) 2102/842578